エコツーリズム
こころ躍る里山の旅

―――― 飯能エコツアーに学ぶ ――――

犬井　正

丸善出版

まえがき

　里地里山を中心とした日本の農山村地域には、かつては多くの人々が暮らし、農林業生産、自然環境、伝統的な文化などを守ってきました。しかし、農林業は衰退し過疎化や高齢化が進行して、2010年の国勢調査によると農山村地域に住んでいる人口が日本全体の10％を切ってしまいました。そして、現在も農山村の人口は減少し続けています。このまま推移していけば十分な森林や農地の管理ができなくなり、国土保全機能や水源涵養機能など、都市住民も含めたすべての国民が安心して暮らせるための農地や森林が有している重要な公益的機能が十分発揮できなくなる恐れがあります。農林業の振興や森林整備にとどまらず、それぞれの農山村地域にふさわしい独自のビジョンづくりや、その実行方策の検討が必要です。

　その方策の一つとして、現在、エコツーリズムをはじめとした農山村を舞台とした観光が、日本各地で実施されています。日本の農山村は、座して消滅を待つようなやわではありません。

　ところで、有名な観光地や世界遺産に登録されている観光地などを訪れると、ガイドの方が何か説明してくれることがよくあります。ただそのほとんどが、そこの歴史に関するものか、「あの岩は屏風岩と呼ばれています」といったたぐいの愚にもつかない話が多くみられます。目の前に展開している雄大な景色や不思議な地形に、その形成過程の解説などが紹介されていることは少なく、珍しい植物や動物に出会ってもただ名前を教えてもらうだけということが多いのが普通です。もっと、こころ躍る知的観光旅行をしたいものです。地形、地質、森や植物、鳥やホタル、寺社、土地利用、産業……。面白そうな素材を発見し、なぜそれができたのかを考えてみたらどうでしょうか。こうした頭を使う旅や観光は楽しいし、知的な満足も得られるのではないでしょうか。有名な観光地や世界遺産に登録されている地域のような、飛び切りの観光資源がない里地里山でのエコツアーこそ、こうした知的観光が楽しめるのです。そうした地域に根差した観光というのは、そこに暮らしている人々にとっても、地域の

良さを再発見し、地域振興にもつながる経済効果も生み出していきます。

　本書は、里地里山でエコツアーを始めるための手引書にもなっていて、訪れる旅行者に単なる観光資源を紹介するだけの書物ではありません。多様な里地里山という空間の中で果たしてきた役割や仕組み、「現在の歴史性」を明らかにし、忘れられていることを掘り起こし、検証した上で、里地里山という地域特性を十分踏まえながら、動植物とも共に生きられる豊かな空間や地域社会を取り戻す方策を提示することにも努めています。

　筆者は、2004年に埼玉県飯能市がエコツーリズムのモデル地区の指定を環境省から受けた時から2012年まで、飯能市エコツーリズム推進協議会会長として活動基盤づくりに関わってきました。その間、里地里山でどのようにすればエコツーリズムができるのかという全国各地からの問い合わせや、見学の申し込み、講演の依頼などがありました。エコツーリズムについては、これまで観光学者がオピニオンリーダーとなるのが一般的でしたが、筆者の専門は地理学で、里地里山の持続可能な社会システムを研究対象としています。エコツーリズムは社会、経済、文化、自然環境と幅広い分野を基盤にしています。したがって、人間と自然の関係を考察する地理学には、こころ躍るうってつけのテーマでもあり、スリリングな取り組みでもあります。

　これまで飯能市は全国的な知名度も低く、見るべき地域資源もないと思われてきた東京近郊の里地里山を舞台とする地域でした。一見して、観光資源が乏しく見える地域でも評価する人間の側が変われば、素晴らしい観光資源として光り輝いてくる可能性があります。本書では、施設などのハードを中心にした観光とは全く異なる飯能市でのエコツーリズムの実践を、豊かな自然が伝わるような興味深い写真を多数盛り込みながら、これまでほとんど光が当たることがなかった地域資源を見つけ出し、エコツーリズムが里地里山の振興にどのような役割を果たせるのかを明らかにしようと思っています。

2017年早春

犬　井　　正

目次

第1章　世界と日本のエコツーリズム　1

1. エコツーリズムとは？　1
2. エコツーリズムと環境容量、地域区分の考え方　4
3. グリーンツーリズムとエコツーリズム　6
4. 地域づくりに貢献する旅行・観光産業　9
5. 持続可能な地域づくりとバイオリージョナリズム　13
6. ソフトな農村観光のすすめ　14
7. 日本のエコツーリズムの歩み　18
   - ■ エコツーリズムモデル事業とエコツーリズム大賞　18
   - ■ 飯能市エコツーリズム推進全体構想　21
   - ■ 出かけよう飯能エコツアー　23

第2章　飯能の大地のなりたち　27

1. 埼玉県の陸地化の過程　27
2. 飯能市の自然のおいたち　30
3. チャートでできた天覧山　30
4. 谷戸 / 谷津　32
5. 大地を刻む入間川　33
6. 山地をつくる海底の岩石　35
7. 古多摩川と飯能礫層　37
8. 飯能とアケボノゾウ　39
9. 扇状地と河岸段丘　40
10. 瀬・淵・瀞　41
11. 飯能市の気候の特色　42
    - コラム1　熱中症と熱射病の予防　43
    - コラム2　落雷への対応　44

第3章　里地里山の多様な草木　45

1. 照葉樹林とブナ林のターミナル　45
2. 山林と平地林、里山と雑木林　47
3. 畑作地帯と平地林　48
4. 里地里山とは　50
5. 山地の自然植生　52
6. 紅葉の仕組み　54
7. 固有種のハンノウザサ　56
8. キノコ　56
9. 氷河期のレリック（遺存種）の春植物　58
10. つる性のマタタビとサルナシ　62
11. 満鮮要素の草原　64
12. 水路の管理　70
    - コラム3　里地里山の危ない植物　72

第 4 章　飯能の生きものに注目 ……………………………………… 73

1　飯能の川魚たち　73
  - 上流域の魚たち　75
  - 中流域の魚たち　75
  - 外来魚、ブラックバスとブルーギル　76
2　早春の谷戸の生きものたち　76
3　メダカとタガメ　81
4　幻想的な発光のゲンジボタルとヘイケボタル　82
5　モリアオガエル　86
6　天覧山周辺の鳥類　88
  - 天覧山・多峯主山での探鳥　88
  - 特定外来種、ガビチョウ（画眉鳥）　90
  - 環境変化の指標鳥：カワセミ・ヤマセミ　91
7　猛禽類　93
  - サシバ　93
  - ハチクマ（八角鷹、蜂角鷹）　94
  - オオタカ（大鷹）　95
  - タカ渡り　96
8　小型哺乳類：カヤネズミとムササビ　97
9　大型哺乳類　98
  - イノシシ　98
  - ニホンジカ　100
  - カモシカ　101
  - ツキノワグマ　101
  - コラム 4　里地里山の危ない生きもの　103

第 5 章　森林文化が薫るまち飯能 ……………………………… 105

1　谷口集落飯能のあゆみ　105
2　西川材の生産地　106
3　西川林業の盛衰　108
4　ウッドマイレージと木質バイオマスエネルギー　111
5　木材の地産地消運動　114
6　森の香りでリラックス　115
7　スギモノカルチャーとスギ花粉症　117
8　谷口集落の機業地とその特徴　119
9　飯能の生糸と絹織物　120
10　飯能の発展と繊維産業の盛衰　123
11　土地に刻まれた飯能市の地名　124
  - 飯能　124
  - 名栗　124
  - 南高麗　125
  - 指（サス）地名　126
  - コラム 5　天下を揺るがした幕末の二つの大事件―武州一揆と飯能戦争　127

第 6 章　結びにかえて――こころ躍る飯能エコツアーを目指して ………… 129

1　エコツアー数と参加者数の推移　129
2　環境容量を意識した住民の行動　130
3　大ブナの枯死と地域資源のモニタリング　132

あとがき　135

【参考資料】飯能市エコツーリズム推進全体構想（抄録）　137

参考文献　160

索　　引　163

第1章 世界と日本のエコツーリズム

1 エコツーリズムとは？

　エコツーリズム（ecotourism）という語からは、どのような思いや捉え方ができるでしょうか。エコツーリズムは、ecology（生態学）や ecosystem（生態系）のエコと、tourism（観光、旅行の在り方）を合わせてつくった言葉です。エコツーリズムというのは、発展途上国で熱帯雨林や野生動物の保護をする代わりに、その国の債務を帳消しにする「自然保護債務スワップ」と同様、本来、発展途上国の自然保護のための資金調達を目的に考え出されたものです。

　吉田春生さんは、著書『エコツーリズムとマス・ツーリズム─現代観光の実像と課題』の中で、エコツーリズムという言葉を最初に使ったのは、1986年のA. M. ヤングが著した論文であるとしています。「ヤングの論文は、1980年代前半のラテンアメリカ、熱帯諸国における財政破綻経済危機に対してただ国際的な金融支援を行うだけではなく、熱帯地域らしい自然資源を活かした収入源を新たにつく

ペルー、マチュピチュへのエコツアー（2015年9月撮影）

るべきだという趣旨の論文です。ココア、コーヒー、香辛料といった国際的な商品市場の動向によって不安にさらされる生産物にだけ依存するのではなく、動植物生態系を利用した新事業に進むべきだという提言をヤングはしている」と紹介しています。それでは、ヤングが構想していたエコツーリズムと結びつけようとしている生態系の新事業とは何なのでしょうか。実は熱帯の動植物、特に蝶の輸出なのです。今も、熱帯の蝶はカブトムシやクワガタムシと並んで、国際的に高値で取引されています。現在のエコツーリズムは、その地にある自然資源を持ち去らないことが原則ですから、ヤングの言う「エコツーリズム」はそれとはまったく異なる発想、思想によるものです。吉田さんは、「その本質は欧米の富める国が、熱帯地域の自然資源を略奪することを意味している」と指摘しています。

　その後、国や地域や国際機関、研究者などによってさまざまな捉え方や、考え方をもとにして世界各地でエコツーリズムが実施されてきました。国際的には、エコツーリズムに関する確立したしかも統一された定義がないのが現状と言えます。そして、エコツーリズムの表記の仕方までも研究者によって異なり、「エコ・ツーリズム」と書くべきであると主張する人もいます。姫路工業大学の菊地直樹さんは、「ツーリズムにエコロジーが付け加えられたものとして捉え、歴史性と社会性を帯びた観光の1形態として捉えなければならない」からであるとしています。私はこの主張には反対ではないのですが、本書では引用を除いて、一般的な表記のエコツーリズムを用いることにします。

　エコツーリズムをうたうツアーには、単に自然の中で野生動物と接し、珍しい動植物の生態に触れる旅行や、一般的にネイチャーツアーと呼ばれているア

エクアドル、マタヘ川河口部のマングローブ植林エコツアー：日本からの40人の参加者と現地の人々と一緒に、エビ養殖池建設によって海水が不足し、ミミモチシダの繁茂により天然更新ができない地区で、アメリカヒルギの苗を植林（1997年8月撮影）

ガラパゴス諸島、ダーウイン研究所　ゾウガメの保護状況と生態系保全の問題点を学習（1997年9月撮影）

ウトドア活動を楽しむような旅行、また自然保護のための活動を主な目的として、余暇の時間を削ってボランティアで汗を流しに出かけていくようなツアーなどもあります。しかし、これらは、いずれも本来のエコツーリズムとは少し違っているのではないでしょうか。現在では「自然環境や歴史や生活文化を体験しながら学ぶとともに、その保全にも責任をもつ観光のあり方」をエコツーリズムとしています。国連が 2002 年を「国際エコツーリズム年」と定めて各国で多様な催しが行われ、確たる定義がなされてはいませんが、今やエコツーリズムは国際的にも定着したものとなっています。

　自然の生態系や歴史的文化的な遺産の保護と保全という活動に観光という余暇活動が加わり、それにその環境を維持している地域への還元があってこそ初めてエコツーリズムになるのではないでしょうか。「自然の中に分け入るというだけの旅」なら、エコツアーだという定義は環境保護や保全の立場からすれば違和感があります。「アウトドア（戸外、屋外）」という言葉もよくエコツーリズムと混同されていますが、4 輪駆動車で山奥や川原に入り、排気ガスをまき散らし、ゴミを散らかし放題、魚を釣りまくっている「アウトドア活動」がエコロジカルではないことは明白です。つまりエコツーリズムは、単なるアウトドアの観光でもボランティア活動でもないのです。その意味では自然や環境にとっても、持続的であることを目指す「持続可能なツーリズム」が、ともすれば自然志向だけで良しとする傾向を帯びやすい「エコツーリズム」という言葉に取って代わるのは当然と言えるでしょう。「持続可能」という意味は、自然や環境への負荷（インパクト）が、もはやそれらから回復できなくなる限度すなわち「環境容量（carrying capacity）」を超えないということを意味しています。

世界自然遺産小笠原諸島南島：2003 年から 1 日の上陸人数を 100 人に制限
（2011 年 3 月撮影）

世界自然遺産に指定されている中国九寨溝：入場制限がなく多くの観光客で賑わう
（2012 年 9 月撮影）

2　エコツーリズムと環境容量、地域区分の考え方

　一方でエコツーリズムは、所詮、自然を守ろうとしていることを免罪符としている自己満足の「エゴツーリズム」に過ぎないのではないかという批判的な声が聞こえてくるのも確かです。エコツアーへの参加者が多くなれば、過度の利用（overuse）によって環境に与える負荷が大きくなるという矛盾が常に生じてきます。このことに対しては、環境容量（キャリング・キャパシティー：carrying capacity）、地域区分（ゾーニング：zoning）といった手法が考え出されてはいますが、実際に実施するのには大きな課題が残されています。

　環境容量というのは、森林や土地などの環境に人手が加わっても、その環境を損なうことなく、生態系が安定した状態で継続できる人間活動または汚染物質の量の上限を指す言葉で、「環境収容能力」などとも呼ばれています。それを正確に算定するのは難しいのですが、土壌浸食や砂漠化が起こるのはキャリング・キャパシティーを上回る開発が行われた結果とも言われています。途上国ばかりでなく、日本をはじめ先進国においても重要な問題となっています。近年では観光、特にエコツーリズムへの関心の高まりとともにキャリング・キャパシティーが論じられるようになっているのです。環境容量を超える大勢の観光客や旅行者が入り込んだりしてしまうと、自然にさまざまなマイナスのインパクトを与えることになるからです。また、2001年度の日本の『環境白書』では、環境容量の指標として、エコロジカル・フットプリントを使って算出した環境容量が紹介されています。エコロジカル・フットプリントやエコロジカル・リュックサックと呼ばれているのは、「消費されるすべてのエネルギーや物質を供給し、排出されるすべての廃棄物を吸収するため、通常の技術を持った人間が、

中国四川省若爾盖（ルオアルガイ）高原の生態保護地区：
砂漠化防止のためヤクや羊の放牧数を制限している
（2012年9月撮影）

世界自然遺産に指定されている屋久島。1996年3月に縄文杉の根元への立ち入りを禁止し縄文杉から10m離れたところへ展望デッキを設置。増加する観光客の踏みつけや根元の土壌流出を防止している（2008年3月撮影）

継続的に必要とする生態学的生産力のある空間」を指す指標です。

　ゾーニングというのは、地域を役割ごとに区分けし、その機能が十分発揮されるよう整備・保全を図るために、その役割ごとの地域区分をゾーニングと呼んでいます。後で述べる 2007 年に制定された日本の「エコツーリズム推進法」の中で「一つの推進地域の中にも異なる特性を持つ区域が併存する場合には、必要に応じてそれらを適切にゾーニングし、それぞれの特性に応じて、想定される利用の形態や実施に当たって配慮すべき事項、利用を抑制すべき区域などエコツーリズムの実施の方法を示すこと」としています。

　2000 年 11 月に、ガラパゴス諸島ではエコツーリズムの観光資源の一つであるウミイグアナの保護のために、漁民のロブスター漁が制限され、漁民たちの生活が圧迫される事態が起こり、漁民の反乱がメディアで報じられました。そもそも、ガラパゴスの貴重種であるウミイグアナは海底に生える藻を食べているのですが、その藻はウニの餌でもあったのです。ウニを食べるロブスターが少なくなると、ウニが大量発生してウミイグアナの食物にもなっている藻を食べつくされてしまう危険があったのです。ウミイグアナ保護の観点から、漁民のロブスター漁が制限されて起きた事件だったのです。

　日本では秋田県と青森県の県境に広がる約 13 万 ha の広大な白神山地は、1993 年に世界自然遺産に指定され、そのうち中心部の 1 万 ha がコア（核心）地域に、7000 ha がバッファー（緩衝）地域にゾーニングされました。指定される以前はコア地域でも狩猟や採集活動を行って持続的な生活をしてきた「マタギ」や「木地師」といった人々も、自由な立ち入りが制限されてしまいました。このように地域住民を追いやり、観光資源となる原生的な自然を保護すると批判される事例が世界各地で見られ、ゾーニングとその運用の難しさが問題になっています。

ガラパゴス諸島のウミイグアナ
（1997 年 9 月撮影）

3　グリーンツーリズムとエコツーリズム

　日本では農山漁村を舞台にした観光には、エコツーリズムよりもグリーン

ツーリズムの方が、よく知られているのかもしれません。グリーンツーリズムは、ヨーロッパで1960年代以降から盛んに行われるようになり、現在では主要な余暇活動の一つになっています。ヨーロッパにおけるグリーンツーリズムは、都市住民の健康的で健全な余暇活動への潜在的な需要と、都市の背後に展開している農村の活性化への政策的な必要性とが合致しながら発展してきました。その背景にはヨーロッパでは一般的になっている長期の「有給休暇制度」が確立していることや、生活水準の向上、農業の省力化による農村人口の減少と余剰労働力の増加などが存在していました。ヨーロッパ型のグリーンツーリズムは「農場での宿泊・滞在型ないし日帰り型のレクリェーション活動が主要な目的」であり、農村空間は都市の健康的で健全な余暇空間として機能しています。このようにグリーンツーリズムは、長期バカンスを楽しむことの多いヨーロッパ諸国で普及してきた旅のスタイルで、英国ではルーラルツーリズム、グリーンツーリズム、フランスではツーリズム・ベール（緑の旅行）と呼ばれています。ドイツでは「農家民宿」「田園ツーリズム」「農業・農村ツーリズム」などと呼ばれていて、全国的な宿泊のガイドブックが発行されています。

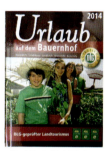

ドイツの農家民宿の2014年版ガイドブック

日本では、グリーンツーリズムと呼んでいるかどうかは別にして、その趣旨にあった動きは古くから各地でみられました。ヨーロッパでは都市の人が農村に長期滞在してのんびりと過ごすというものですが、日本は都市と農村の距離が比較的近いことや、長期休暇が取りにくい労働環境のため日帰りや短期滞在が多いという事情があ

スイスアルプスの山村：グラウビンデン州フリン村を散策するイギリスからのグリーンツーリスト（1978年9月撮影）

オーストリア、チロルの山村ゼルデンで出会ったグリーンツーリスト（1978年9月撮影）

ります。団体行動を中心とした旅行形態が好まれてきたことや、祝祭日は別として長期休暇が取りにくいことなど、日本人の価値観や生活様式に合ったグリーンツーリズムが模索されています。このため、あえて「日本型グリーンツーリズム」と表現されることもあります。

　グリーンツーリズムという言葉が日本で公式に使われたのは、1992（平成4）年に農林水産省が提唱したのが最初です。1993年度から2年間に、全国50箇所をモデル地区として指定し、振興を図ってきました。その後、1995年に「農山漁村滞在型余暇活動促進法」が施行されて、農山漁村におけるグリーンツーリズムが全国各地で推進されてきました。近年の自然志向や「癒し（ヒーリング）」ブームにも乗って、グリーンツーリズムが徐々に日本社会の中に浸透してきています。日本のグリーンツーリズムは「都市住民が豊かで美しい自然や景観を求めて、農山漁村を訪れ、地域の社会や住民との交流を行い、そのような地域の生活や文化の体験を通じて心身をリフレッシュする余暇活動」と定義されています。農林水産省では、グリーンツーリズムを、農山漁村地域において自然、文化、人々との交流を楽しむ滞在型の余暇活動として位置づけています。ここでいう「滞在型」というのは、「周遊型」に対する考え方のことで、必ずしも宿泊に限定されるものではありません。滞在の期間は、日帰りの場合から、長期的または定期的・反復的な宿泊や滞在を伴う場合までさまざまあります。農山漁村に住む人々と交流したり、郷土料理を味わったり、農林業体験を行うなど、駆け足の周遊型観光旅行とはひと味違った楽しみ方を見つけることができるのがグリーンツーリズムの魅力になっているのです。

　ここ数年来、「スローフード」「スローライフ」さらには「ロハス（LOHAS）」

飯能市で農家のサヤエンドウの摘み取りツアー
（2008年6月撮影）

昔、調理や暖房でお世話になった、薪割体験エコツアー
（2005年2月撮影）

人気のエコツアー「お散歩マーケット」、上手にお豆腐ができたよー！
（2007年3月撮影）

などという聞き慣れない用語を耳にすることが増えてきました。ロハスというのは Lifestyles Of Health And Sustainability という英語の略語で、日本語にすると「健康と環境に配慮した持続可能な生活」という意味になります。20世紀型の大量生産、大量流通、大量消費、大量廃棄型の生活ではなく、「それは自分や他人の体に悪い影響を与えないものなのか」「それは地球環境に対してマイナスにならないのか」などを基準にして、消費や行動を選んでいく生活様式のことです。地域で生産される食材を利用した伝統料理の維持を目指すスローフード運動や地産地消運動、無駄な商品を購入しないシンプルライフ、大量生産・高速型のライフスタイルに対して、ゆっくりした暮らしを提案するスローライフ、発展途上国の自立を助ける公正な取引を目指す「フェアトレード運動」なども考え方の基本は同じと言えるでしょう。

　効率万能、規格化や量産化に疑問を覚える人が増えているのと同時に、自然や生物の営みとのふれあいが希薄となり、自然と人間のかかわりが縁遠くなってしまっているのも事実です。そのため、多くの人からグリーンツーリズムに関心が寄せられるようになったのです。農山漁村の側も、地域活性化のためにグリーンツーリズムの導入を図ろうとしていますが、単なる簡易宿泊施設や農産物加工施設などいわゆる「箱物」の整備に終わってしまうケースも多々みられます。

　さらに近年、新しいツーリズムのスタイルとして「供給（農村）」側が中心となった展開が台頭しています。供給側からの観光というのは、旅を供給する旅行の到着地になる農村側が、主体となってつくられた観光プランです。農業や林業体験、地元の食文化の発見、専門的ガイドによるツアーなど、その地域の生活や自然に密着した体験型のものが多いのが特徴になっています。こうした観光の主役はあくまでも名所旧跡ではなくて農山漁村地域自体ですから、農山村が地域の資源を実際の観光ビジネスとして成立させるには、多くの課題があるのも事実です。しかし、一見すると何の変哲もないように見える里地里山の農山漁村も、工夫次第では供給側が主体となった観光の格好の舞台になりえます。

4　地域づくりに貢献する旅行・観光産業

　21世紀は、地球上のすべての産業・経済活動の社会的信頼性は、環境との

かかわりによって評価されるという時代になりつつあります。私たちの生活は農業、商業、サービス業、工業などさまざまな産業によって支えられていますが、これらの産業はまた、自然生態系の営みによって支えられています。健全な自然環境を保全・回復することは、私たちの持続可能な経済発展や生活へと結びついていきます。言いかえるなら、いかに早くこの自然環境とのかかわりを自らの分野の活動エネルギーとして取り込みながら、どのようにして新しい状況をつくっていくかに、かかっているのではないでしょうか。また、近年、旅行や観光をする人のニーズが細分化していることも一因です。まず近年では旅行者が社員旅行や町内会などの団体行動を避ける傾向になっていることから、一緒に旅行するグループの構成人数が以前より少なくなっています。そのうえ旅慣れた人が増えたので、旅の目的も「より明確に」「より深く」なる傾向が強まっています。特に、第2次世界大戦後に生まれたいわゆる団塊の世代ではそのような傾向が強く、従来型の観光行動とは異なり、自分で目的地や旅行目的を決めて出かけて行く観光や旅行の潜在的ニーズが高まっています。

　観光産業全体についてみれば、自然環境とのかかわりを提案することが先導的な地位を築くとともに、21世紀に生き残ることができるか否かにかかっていると言っても過言ではありません。しかし、観光産業にとって21世紀は、この枠組みを観光だけでつくろうとしても、そう簡単にできるほど楽な時代ではないでしょう。観光産業は、旅行者とそれを受け入れる観光資源を持つ地域との相互の協力関係を基盤にして、ダイナミックに展開していかなければなりません。都市と農村のダイナミズムが維持されてこそ初めて成り立つ旅行と、従来型の都市側からの一方通行に近いと言ってもよい旅行や観光とは大きく異なっています。いわば、消費と生産が同じ場で行われる性格を有している観光産業は、他の産業とは大きく異なっているのが特徴なのです。近年、政府や観光業界なども、目的地に所在する旅行業者が企画する「着地型旅行／観光」の推進に力を入れています。地元のことをよく知る地元の業者であれば、それだけ興味深い旅行を企画できるという発想です。それに対して従来のように、出発地に所在する旅行業者の発想で企画するパック旅行を「発地型旅行／観光」と言います。ここでいう出発地というのは旅行需要者が多く暮らしている都市部を指しています。都市部の大手旅行会社などは、その販売規模の大きさを活かして、交通機関や宿泊先などを一括で安く仕入れて販売することができるの

です。ただ、その分旅行企画が型にはまりやすいという弱点を持っていることも確かです。また、格安のバス旅行などでホテルや温泉、テーマパークなどの施設に囲い込んでしまうため、地元の利益がほとんど上がりません。旅行者が地元のホテルやレストラン、小売店などで使うお金が地域に留まる割合はごくわずかにしか過ぎないのです。旅行の到着地である地元の旅行業者による「着地型旅行／観光」では、地元の情報により詳しいので独自性の高い企画を提案できる利点があるのと、地元の観光資源を発掘すること自体が街づくりの支援にもつながっていきます。そして、地元の旅行会社や宿泊業者、土産品を売る小売店などがより利益を確保できるようにもなります。地域商品やサービスについての情報を充実させ、それらの利用度を増大させることが可能になるのです。

　従来の観光産業は相互の協力関係ではなく、送り手側の都市が鍵を握る旅行業者の優位、逆に言えば農山漁村側の依存体質で進められてきた感が強かったと言っても過言ではありません。しかしこの旅行業者依存の関係は、日本だけ

東京からすぐ近くの飯能の森林散策エコツアー（2008年2月撮影）

自分たちで作った竹製の水鉄砲の試射会（2007年7月撮影）

どんなお芋が出てくるのかなー、芋ほりエコツアー（2007年10月撮影）

山村の暮らしを探る、飯能のエコツアー（2006年5月撮影）

でなく世界中を見渡しても変わりつつあります。中央への依存ではなく、先進地域への依存でもなく、独自の地域の持続的な生き方や文化、地域で生活する人々の固有の自然を利用する原理によって、自然環境を活用していくことを主張する地域主義の台頭が確実に広がっているとみることができます。今や旅行・観光業者の目的地への優位性は、地域主義や「着地型旅行や観光」の台頭により大きく変わろうとしています。旅行産業や観光産業が21世紀に生き残っていくためには、これらの動静を自らの産業活動の中に取り入れながら、どのように地域と新たな協力関係を構築していくのかという姿勢が問われるようになってきているのです。

　エコツーリズムはこのような状況において、環境を軸として21世紀の新しい地域主義や、着地型旅行を含む観光の流れを観光産業の枠組みの中にどう取り入れていくのかという活動でもあると言えるでしょう。つまり、エコツーリズムは新しい旅行や観光産業づくりの担い手であり、そのためのソフトランディングが始まっていると捉えることができます。したがってエコツーリズムには、次の二つの重要な点（目的）を指摘することができます。

　第一の重要な点は、さまざまな資源を持続させ続けるための「環境保全への参加意識の醸成」です。エコツーリズムの推進にはそれぞれの地域のさまざまな資源の発見と、その価値に対する意義づけの作業が農山村地域の多くの人の手によって行われ、それがいかに持続的に保全・創造されていくかが重要な鍵となっています。世界各地の多くのエコツーリズムサイトでは地域住民が、研究者や行政と一体となって固有の資源の再発見と価値づけの作業を行っています。それと同時に、その資源の利用の仕方や保全の仕方の検討を行い、観光客に参加を呼びかけ、協力をしていくプログラムを組んでいる場合が多くみられます。エコツーリズムはここ数年間で確実に成長していますが、その背景にはこれらのツアーに参加する重要な動機づけとして、その

世界の観光客が集まるクスコのお祭り：アンデス山脈で重要な家畜のリャマのはく製を背負って行進（2015年9月撮影）

土地固有の資源とのふれあいや、体験の素晴らしさに加えて、固有の資源を持続的に保持しようという環境保全への貢献意識が存在し、こうした傾向が確実に世界各地で育ちつつあります。この積み重ねの実践によって、さまざまなエコツーリズムサイトにおいて、最も良きパートナーであるリピーターとしての旅行者の拡大が実現するはずです。

5 持続可能な地域づくりとバイオリージョナリズム

　エコツーリズムにおける第二の重要な点は、「地域主義や着地型観光の育成」です。従来の観光の推進が、消費者である旅行者にとって価値があるもので、面白いと思われるものの発見であり、消費者に依存した開発の歴史だとするならば、エコツーリズムは地域の自然、文化、歴史などの価値を再発見し、旅行者と地域住民が追体験していく中で地域の素晴らしさに感動し、気づいてもらうことにあるのではないでしょうか。そしてこうした行為を通じて、地域住民自身が地域の個性と価値に気づき未来の地域創造につなげていこうとする、旅行者や観光客をも巻き込んだ地域復権の推進運動とも言えます。

　1970年代前半のアメリカで、エコロジストのP. バーグ（Peter Berg）によって提唱された「バイオリージョナリズム（生態地域主義）」という運動があります。これは自分たちが居住し生活を営む場である地域において、自然と人間との昔からある相互のかかわりを再度見つめ直すことで、その土地の特性や自然の持続性を損なわないような生活様式を構築していこうという試みなのです。つまり、地域の生態系に適応する地域社会を目指す地域共同体ベースの運動です。

　「バイオリージョン（生態地域、bioregion）」というのは、自治体や町村などの行政上の区割りではなく、地理的・生態系的にみた地域の特徴から決まり、古くからその土地に固有の文化が育まれてきた地域を指す言葉です。隣接する地域とは異なる、その地域特有の植物相や動物相を持つ地理的空間であり、自然の様相によって左右されるために柔軟性と可変性を持っています。生態地域主義は以下のような特徴を持っています。

　①地域の自然生態系の機能の回復と維持、②地域内で廃棄物をなくすゼロエミッションの循環型システムの構築、③持続可能な地域生態系資源を活用し高付加価値化した地域と調和した産業や技術の創出、④地域情報の発信を通じて

他地域や世界とのコミュニケーションを図ることによるネットワーク社会の構築。

　その地域に存在する自然資源に着目し、そこに文化や技術、人材などの人的資源を組み合わせることで地域内の循環型システムをつくり、それを持続可能なものにしていきます。また、そこでの経済は自然を搾取するものではなく、維持していくものとなります。したがって生態地域主義の経済は、自然の資源の利用を必要最小限にし、汚染と廃棄物の排出を極力抑え、その地域でエネルギーを循環利用できるゼロエミッションのシステムをつくり上げていきます。地域で生産されたものを地域で消費するという意味では自給自足と似た考え方ですが、自給自足的な閉塞した社会ではありません。むしろ、1980年代になってから日本で使用されだした農産物の「地産地消」の概念に近く、地域の自然資源に加えて人的資源も活用し、地域独自のエネルギーや産業、教育などをデザインすることで環境を守りながらも、経済的に自立した地域を目指そうという試みも含まれています。

　また自分たちの住んでいる場所に根づき、土地とのかかわり合いを常に意識しながら住むという意味で「再定住」の重要性が強調されます。そのためには地域特有の自然環境や、人々の生活と自然環境とのかかわりを自覚し、自分の住む地域の特徴についてよく学ぶことで、歴史の中で切り離されてきた人と自然、人と人とのかかわりを再びつなぎ合わせることが必要なのです。バイオリージョナリズムは、まさにエコツーリズムの目指すべき姿と重なり合うのではないでしょうか。

6　ソフトな農村観光のすすめ

　ソフトな農村観光（ルーラルツーリズム）というのは、スキー場やゴルフ場、温泉施設、テーマパークといったハードに依存する農村での旅行や観光ではなく農村の自然環境や生活様式の中に身を置き、ライフスタイルや価値観の異なる都市と農山漁村住民間の相互理解を図ることを目指した観光スタイルを指す言葉です。次頁の上段の写真のように農家民宿への宿泊と農林業や農村生活の体験、農山漁村におけるレクリエーション施設や保養休養施設の利用、あるいは観光農園や農業公園の利用などが主に含まれています。また、グリーンツーリズムやエコツーリズムの事業主体も自治体や企業、第3セクター、農業グルー

ソフトな農村観光の事例

手作りうどんが上手く切れるかな、人気のエコツアー「お散歩マーケット」で
（2005年11月撮影）

天覧入りでのホタルの住みやすい環境づくりのエコツアー
（2006年10月撮影）

里川観察エコツアー　いろんな虫やカニがいるね
（2006年7月撮影）

プなど多岐にわたっています。都市と農村における人々の交流の典型的な現象は、広い意味でのルーラルツーリズムと言えますが、人工的に建設された施設・設備を利用した休養や保養を目指す「ハードなもの」と、自然の中に身を置きながら休養や保養を志向する「ソフトなもの」に大別することができるでしょう。ハードなツーリズムは、観光資本によって建設された特定な施設を中心にして行うもので、テーマパーク型の農業公園や保養休養施設やレクリエーション施設、あるいは観光農園やスキー場やゴルフ場、温泉施設などが中心になっています。どこを見てもまるで「金太郎飴」の切り口のように同じで、地域の個性をほとんど感じることができません。ハードなツーリズムの多くの部分は既存の観光産業と重複して立地していて、着地型の地域内の内発的ツーリズムとはほど遠く、地域資源の収奪や、自然環境の乱開発などの問題を引き起こしてきた事例も多くみられます。

コンクリートのU字溝から連柴柵工に変えて水生生物の住みやすい環境づくり

飯能の北向き斜面のカタクリ群落の保全

（左右ともに2005年4月撮影）

他方、ソフトなツーリズムの方は、農村の地域資源そのものが対象となっています。そこでは地域の社会や文化や景観に直接ふれあうことや農家民宿に滞在して、農村生活を体験すること、あるいは市民農園や貸農園で農業を体験することなどが中心になっています。いわばソフトなツーリズムは地域の内発的で、着地型で地域の持続的発展の可能性を秘めていると言えます。グリーンツーリズム、ソフトツーリズムなどの言葉も、厳密には持続可能でないならば、本来のエコツーリズムとは明確に区別されるべきでしょう。

西川林業地、間伐の体験エコツアー
（2006年11月撮影）

人工的な環境の中で暮らし、テクノストレスをはじめとする人間性の疎外が日常化し、特に森林とのつき合い方が次第に疎遠になった都市域の人々にとっては、実際に里地里山の中に分け入り、五感をすべて利用したつき合い方を知ることが必要です。里山の雑木林こそは、都市住民にとって緑に親しむソフトなエコツーリズムやグリーンツーリズムの重要な拠点になることでしょう。

おいしい作物ができるのには農作業という準備が大切（2007年1月撮影）

森林浴やバードウオッチング、釣りや川遊びを楽しんだりするだけでなく、訪

みんなで楽しくお餅つきのエコツアー
（2007年3月撮影）

れた都市住民が地域住民とともに森林の手入れをするというのはどうでしょうか。除伐・間伐を行ったり、林床に落ち葉が堆積し過ぎると種子が発芽できないので、これを取り除く「掻き起こし」の作業をしたりすれば、春には、今や極度に少なくなってしまったカタクリや、エビネやシュンランが見られるような「雑木林」を再生することも可能になります。コンクリート製のU字溝を連

柴柵溝に代えるなどすれば、蛍の乱舞を取り戻せることでしょう。冬には農家の人と一緒に落ち葉掃きをし、堆肥をつくったり、苗床をつくったりしながら有機質を用いた資源循環型農業の大変さと、大切さを体得することができるでしょう。春にはサツマイモの苗を育て、植えつけ、そして秋には芋掘りをします。無農薬・無化学肥料、あるいは減農薬・減化学肥料で有機質を多く使った野菜は、見栄えは悪くても、素晴らしい味を体験させてくれることでしょう。さらに林産物を利用した木工や炭焼き、石窯で焼くパンやピザを味わったり、薪を使った窯で本格的な陶芸を楽しんだり、シイタケ栽培をすることなど多くのアイデア

市民の楽しい落ち葉掃き体験
（2009年2月撮影）

飯能陶芸エコツアー（2005年1月撮影）

が浮かんできます。また、山ノ神や鎮守の祭りなど集落の伝統文化に触れるとともに、漬物、ジャムや味噌、ソバやウドン、饅頭などの郷土食づくりの実習と試食会などを行うなど、ものを大事にする省資源的で循環的な生活方法を学びとることもできることでしょう。こうして自然に親しみながら、人間の生活がかかわってこそ里地里山のあの美しい景観ができあがっていることが、都市域で生活している人々にも実感できるに違いありません。

現実の農山漁村地域の振興は単に食料や材木などの資材の確保のための振興策に限らず、環境保全やレクリエーションの振興、交通や福祉、雇用の確保にいたるまでの多くの人々が定住できるような地域的、総合的な政策として展開されることが求められています。

グリーンツーリズムもエコツーリズムも、現実の農山村地域では境界線などありません。エコツーリズムやグリーンツーリズムを、地域振興や環境保全、持続可能な発展などに真に役立つものにしていくためには、行政の縦割り論理から脱していかなくてはならないでしょう。

7　日本のエコツーリズムの歩み

　日本では、2003〜2004年に設けられた環境大臣を議長とした「エコツーリズム推進会議」が、エコツーリズムとは「自然環境や歴史文化を対象とし、それらを学ぶとともに、対象となる地域の自然環境や歴史文化の保全に責任をもつ観光の在り方」としています。さらに、エコツアーとは「エコツーリズムの考え方を実践するため、自然だけでなく歴史や文化、伝統も対象とした旅行」と定義しています。また、エコツーリズムのポイントとして①地域の自然と文化を理解し楽しむ観光形態、②地域の自然や文化資源の保全に寄与する、③地域経済や地域社会の活性化につなげること、などが挙げられています。自然生態系や歴史的、文化的な背景を持つ地域、環境に出かけ、それを楽しむと共にそれを保全、維持してきた農山村の人々への感謝の念も忘れないこと、それがエコツーリズムの精神であるとしています。

　2007年に制定された「エコツーリズム推進法」においては、「自然環境の保全」「観光振興」「地域振興」「環境教育の場としての活用」の4つを基本理念としています。エコツーリズムとは、地域ぐるみで自然環境や歴史文化など、地域固有の魅力を観光客に伝えることにより、その価値や大切さが理解され、保全につながっていくことを目指した仕組みなのです。観光客に地域の資源を伝えることによって、地域の住民も自分たちの資源の価値を再認識し、地域の観光のオリジナリティが高まり、活性化させるだけでなく、地域のこのような一連の取り組みによって地域社会そのものが活性化されていくものと考えられます。

■エコツーリズムモデル事業とエコツーリズム大賞

　環境省は地域においてエコツーリズムの仕組みづくりを実際に行うとともに、エコツーリズムに取り組む他の自治体等への普及を目的として、モデル地区を選定し、2004年度から3か年かけて13のモデル地区の支援を実施しました。

　　このモデル地域は
　①豊かな自然の中での取り組み（典型的エコツーリズムの適正化）
　②多くの来訪者が訪れる観光地での取り組み（マスツーリズムのエコ化）
　③里地里山の身近な自然、地域の産業や生活文化を活用した取り組み（保全活動実践型エコツーリズムの創出）
の3つのカテゴリーに区分されました。

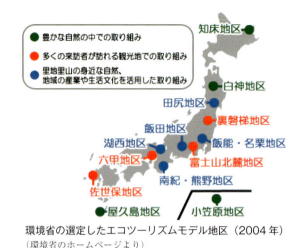

環境省の選定したエコツーリズムモデル地区（2004年）
（環境省のホームページより）

　①の豊かな自然の中での取り組みは、典型的エコツーリズムの適正化を目指すもので、(ⅰ)知床地区（北海道斜里町、羅臼町）、(ⅱ)白神地区（青森県西目屋村、秋田県藤里町）、(ⅲ)小笠原地区（東京都小笠原村）、(ⅳ)屋久島地区（鹿児島県上屋久町、屋久町）の4件が選ばれました。

　②の多くの来訪者が訪れる観光地での取り組みは、これまで行われてきたマスツーリズムのエコ化を目指すもので、(ⅰ)裏磐梯地区（福島県北塩原村）、(ⅱ)富士山北麓地区（山梨県）、(ⅲ)六甲地区（兵庫県神戸市）、(ⅳ)佐世保地区（長崎県佐世保市）の4件が選定されました。

　③の里地里山の身近な自然、地域の産業や生活文化を活用した取り組みは、保全活動実践型エコツーリズムの創出を目指すもので、(ⅰ)田尻地区（宮城県田尻町）、(ⅱ)飯能・名栗地区（埼玉県飯能市、名栗村）、(ⅲ)飯田地区（長野県飯田市）、(ⅳ)湖西地区（滋賀県）、(ⅴ)南紀・熊野地区（三重県、和歌山県）の5件が選定されました。

　埼玉県飯能市は、2005年に合併を予定していた隣接する名栗村とともに、このモデル事業に応募し、モデル地区に選定されました。飯能市は都心から約1時間、埼玉県の南西部にあるまちですが、全国的にはほとんど知名度が低いまちでした。しかし、山地、丘陵地、台地と地形の変化に富んでいて、市域の4分の3は森林が広がり、入間川の源流から中流までの川の姿を見ることができます。こうした身近にある自然との共生によって古くから人々の暮らしや文

エコツーリズム大賞受賞者一覧（2005〜2015年）

回	年次	受賞者	テーマ
第1回	2005	ピッキオ（長野県軽井沢）	地域生体系保全に貢献するエコツーリズムを目指して
第2回	2006	ホールアース自然学校（静岡県芝川町）	エコツーリズム推進エンジンとしての総合力
第3回	2007	霧多布湿原トラスト（北海道）	エコツーリズムによるまちづくり
第4回	2008	飯能市・飯能市エコツーリズム推進協議会	里地里山の身近な自然と生活文化
第5回	2009	海島遊民クラブ（有限会社オズ　三重県）	観光から感幸へ
第6回	2010	黒潮実感センター（高知県）	島が丸ごとミュージアム
第7回	2011	信越トレイルクラブ（長野県）	里山を巡る80kmのロングトレイルの挑戦
第8回	2012	紀南ツアーデザインセンター（三重県）	紀南地域の自然、歴史、文化をテーマにありのままの個性豊かな熊野を楽しむ
第9回	2013	針江生水の里委員会（滋賀県）	針江のかばた文化を守る・伝える
第10回	2014	小岩井農牧株式会社（岩手県）	不毛の原野から大地の美術館へ畜産と林業が育んだ歴史・文化・自然を満喫
第11回	2015	富士山登山学校ごうりき（株式会社力）	富士山エコツーリズムの構築を目指して

埼玉県飯能市の位置

化、歴史産業が育まれてきました。

「古くからの林業地であり大都市近郊のレクリエーションエリアである飯能・名栗地域の里山環境の維持、地域活性化をエコツーリズムの考え方を軸として進める。炭焼き体験など農林業体験と自然体験を組み合わせた多彩なプログラ

ムが可能で、NPO等の活動も始まっている。大都市型里山保全のモデルとなりうる」が選定の理由でした。以後、飯能市は、「エコツーリズムのまち」を目指して、歩みを始めることになりました。

同時に、環境省はエコツーリズム推進のため、エコツーリズムを実践する地域や事業者の優れた取り組み事例を表彰し、広く紹介することを目的として、更なる質の向上や継続に意欲を与えるとともに、関係者の連携、情報交換などによる連帯意識の醸成を図るために、「エコツーリズム大賞」を創設しました。

飯能市はエコツーリズム推進モデル地区に指定されて以来、市が中心となり地域住民と一体となってエコツーリズム推進に向けた活動を行ってきました。2008年7月には、エコツーリズム推進法の下での「飯能市エコツーリズム推進協議会」がスタートし、地域住民が中心となって行政と協力しながら、さまざまなアイデアを出し合って里地里山のエコツーリズムを実践しました。エコツーリズム推進の基本方針の一つとして「自然と文化の保全・再生」を掲げ、人と自然とのふれあいを通して自然環境と地域文化の保全・再生の取り組みを始めました。さらに、市内の住民団体やNPOが数多くのエコツアーを企画実施することを促し、住民が地域を再認識し、誇りや愛着を育んで地域の活性化に結びつけることにも取り組みました。里地里山の身近な自然や生活文化を活用した飯能市エコツーリズム推進協議会では、実施予定のツアーの内容について予備審査を行い、エコツアーの質を確保するための仕組みを確立していること、ガイド養成講習会を行い、人材育成やガイドのスキルアップにも力を入れていることなど、地域ぐるみでエコツーリズムを総合的に推進し、全国の先導役となっていることなどが評価され、2008年に第4回エコツーリズム大賞を受賞しました。2017年2月には、第12回エコツーリズム大賞の「エコツーリズム特別継続賞」を受賞しました。

■ 飯能市エコツーリズム推進全体構想

飯能市では、地域の個性と魅力の源である自然を保全し、人と自然に育まれてきた文化を継承しながら、これらを有効に活用することにより、多くの人に心の豊かさと感動を与える旅を提供するとともに、これを地域の活力につなげていくことを目的として、エコツーリズムを推進しています。飯能市におけるエコツーリズムを適切かつ効果的に推進するため、基本的な枠組みを定めた「飯能市エコツーリズム推進全体構想」を作成しました。この全体構想は、2007

年に制定されたエコツーリズム推進法の規定により設置された、「飯能市エコツーリズム推進協議会」において検討・討議し作成されたものです。また、全体構想は、2008年6月に政府が定めた「エコツーリズム推進基本方針」に則して作成されました。2009年9月には、エコツーリズム推進法に則り、全国第1号として「飯能市エコツーリズム全体構想」が環境省・国土交通省・文部科学省・農林水産省から認定を受けました。

飯能市ではエコツーリズムの推進によって目指す地域の姿と、その基本方針は次のように定められています。

■ 飯能エコツーリズムで目指す地域の姿と3つの基本方針

目指す地域の姿	基本方針1	基本方針2	基本方針3
自然・文化・人のつながりによって発展する活力ある地域	すべての地域と住民の参加により、地元への誇りと愛着を育みます	訪れるたびに新たな発見や変化のある楽しく満足できるエコツアーを提供します	飯能市の自然を保全・再生し文化を継承して将来へ伝えます

また、飯能市を特徴づけている多様な自然やそこで育まれてきた文化、東京都心からから約1時間という利便性などを活かすために、エコツアーを企画・実施する際の10のポイントを次のように設定しています。

■ 飯能市エコツーリズム：10の推進ポイント

ポイント1	ポイント2	ポイント3	ポイント4	ポイント5
住民が誇りとするふるさとの風景の保全・再生に活かす	自然を守り育む森づくりにつなげる	飯能市の森林文化を新たな地域の発展に活かす	源流から中流までの親しみ深い川の自然と文化を活かす	様々な野生生物の魅力や人とのかかわりを題材とする
ポイント6	ポイント7	ポイント8	ポイント9	ポイント10
身近な自然を保全・再生し自然豊かなまちづくりに役立てる	地域の生活文化や年中行事などの伝統を生かす	長い年月をかけて培われた伝統的な技術を新たな時代に活かす	地域住民の全員参加により、一人ひとりの個性を生かす	繰り返し訪れたり宿泊したりして地域の魅力を堪能できるエコツアーを用意し、飯能のファンを増やす

山や川での自然体験や環境教育、西川材を使ったカヌーの製作とツアー、森林バイオマスの再考、伝統や生活文化の再発見、一種の風致施業である「景観間伐」の実施、林業体験や森林管理をアレンジした結果、年間100を超えるエコツアーが実施されるまでになってきました。これらを通して都市住民との交流を深め、自然や文化を生かした観光と林業や地域振興を両立させる取り組み

が活発に行われています。エコツーリズムは、マスツーリズムと異なり、一度に大量の集客を目的とする観光ではありません。その効果は中々見えにくいし、効果が表れるまでには少し時間がかかるものです。短期的な効果を期待するのではなく、自然環境や文化資源の保全を目指す息の長い住民運動という形で位置づ

間伐材を利用したカヌー製作のエコツアー（2012年5月撮影）

け、中・長期的な資源保全や地域振興を図るプロジェクトとするとともに、そのことをビジネスプランにしていくことも重要です。仕組みをつくってモニタリングを含めた自己点検をし、仕組みを強固にしていく実践活動につなげていくことが重要です。そうすることで自立型の地域社会ができ、それこそがエコツーリズム推進法の目指す最終的な姿なのではないでしょうか。その後、2014年にはエコツーリズム推進全体構想は見直しがされ、第2版が作成されました。詳しくは、巻末に参考資料として掲載した「飯能市エコツーリズム推進全体構想（抄録）」をご覧ください。

■ 出かけよう飯能エコツアー

　飯能市でこれまで実施してきた里地里山のエコツアーの例を、飯能市エコツーリズム推進協議会と飯能市観光・エコツーリズム推進課で発行しているパンフレットの中から示しておきます（24〜25頁参照）。飯能のエコツアーの情報は、ウェブサイトでも検索できるし、エコツアーの情報を掲載したチラシは年6回発行されています。チラシは飯能市内の観光施設、商店街、市役所などの公共施設で入手できます。ツアーに出かけるときには、里地里山が人々の生活によって維持されてきたことを考え、以下に掲げたルールやマナーを守って行動することが大切です。

1）里地里山を生活の場とする人に迷惑をかけない

　畑や田圃などの耕作地には、絶対に無断で立ち入ってはいけません。畦（あぜ）や水路など耕作地に関連する農用地についても注意が必要です。農作物である耕作植物、山菜や野草といった有用植物、家畜などの飼育動物は採取したり捕まえたりしてはいけません。それらの場所に立ち入りするときや採取を伴う場合、土地の所有者の同意を必ず得なくてはなりません。

飯能市で実施されているエコツアーの例

第1章　世界と日本のエコツーリズム　　25

(2015年2月発行のパンフレットより)

また、狭い空き地に長時間駐車したり、路上駐車をしたりしないようにしましょう。農道や林道では作業車両や機械を優先しましょう。ゴミは持ち帰るのが原則です。また、建造物を壊したり、落書きなどをしてはいけません。

2) 環境に与える影響を最小限にする

　不要な採取や殺傷はしないのはもとより、稀少な種類や絶滅危惧種の採取は絶対にしてはいけません。石や落ち葉を裏返したり、動かしたりした場合でも、できるだけ元へ戻すことを心がけましょう。人数を考えて行動しましょう。水路や畦のような狭い場所では、大勢の人が立ち入ることで取り返しのつかないような破壊につながることもあるのです。道路以外の場所に車両を乗り入れないようにしましょう。自転車、バイクも車両です。ラジオや携帯電話の着信音などは、動物が驚くばかりではなく、地元の人や、静けさを期待して訪れた人にも大迷惑です。非常時以外、ラジオや携帯電話の電源は切っておきましょう。また、ツアーの内容に適した服装や持ち物で参加することも、ツアーをより楽しく快適なものにします。

　ボランティア活動ではなくエコツアーに参加する中で、ブラックバスの駆除やビオトープづくり、竹の伐採などの里地里山の保全活動をすることによって環境保全意識が自然に向上してくるでしょう。飯能のエコツアーを楽しむには、本書の第2章から第5章に目を通して、里地里山のなりたちや、何気ない川や森や花や木や、生きものたちが織りなす自然界への興味と関心を深めていただきたいと思います。飯能市ではこれらの身近な地域や地域の人々が持っている生活の知恵、衣食住の技術などの「宝物」を活かしてエコツアーを行っています。

第2章　飯能の大地のなりたち

　人間は動物や植物とともに大地を離れて生活することはできません。ここでは、まず人間や動植物の生活舞台となっている飯能の大地を見つめ、大地のなりたちや仕組みなどを風土の観点から見ていくことにします。

1　埼玉県の陸地化の過程

　埼玉の大地をつくっている地層のうち最も古いものは、古生代後期の石炭紀や二畳紀にできたものです。およそ2億7000万年前から2億6000万年前のことです。このころ、埼玉はもとより日本の大部分は海の底に沈んでいました。海底には、土砂や生物の死骸、海底火山の噴出物が積もり、厚い地層ができあがりました。主な岩石は硬砂岩、粘板岩、石灰岩、チャート、輝緑凝灰岩などの堆積物です。これらの岩石の中から、サンゴ、フズリナ、ウミユリなどの古生代の化石が見つかりました。現在、内陸で海なし県の埼玉から、サンゴなどの化石が見つかったということから、古生代の頃、埼玉県は海中にあったことがわかります。しかもその海は、沖縄の海のように暖かかったのでしょう。

　明治初期の1878年に、いわゆるお雇い外国人の一人としてドイツの地質学者のE.ナウマンが来日しました。E.ナウマンは日本の大地溝帯であるフォッサマグナを発見したことや、ナウマンゾウに名を残したことでも有名です。その当時、日本で最初に地質の研究が行われたのは秩父・長瀞地域でした。E.ナウマンによる地質調査以降、多くの研究者や学者が訪れ、秩父地方は「日本地質学発祥の地」と言われるようになりました。ここで見られる地層は、日本の各地でも見ることができますが、この研究が日本で初めてここで行われたことに因んで、「秩父古生層」と名づけられました。しかし、1970年代以降にコノドントや放散虫化石の研究が進んだことにより、長い間「秩父古生層」とされてきた地層の中には、中生代の三畳紀やジュラ紀に堆積した地層が多いことがわかってきました。その結果、秩父古生層は「秩父層群」あるいは「秩父中・

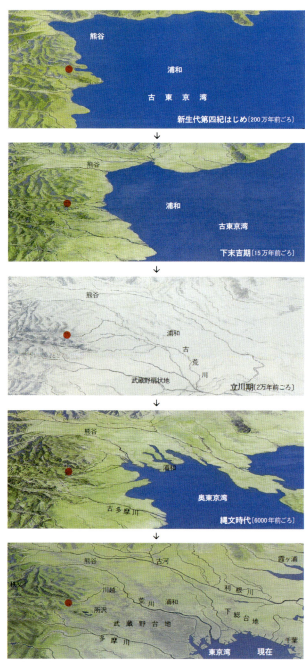

大地の変遷（出典:『埼玉県立自然史博物館総合案内』36頁に加筆修正）
● ：飯能の位置

古生層」と呼ばれるように変わりました。コノドントというのは、骨の成分であるリン酸カルシウムでできていて、非常に硬く大きさは最大でも 6 mm ほどのもので、正体は長い間不明でした。コノドントという名は、円錐状の形をしているものが多いので、「円錐状の歯」という意味です。1980 年代ころから世界各地で、全身の化石が見つかるようになってきて、コノドント動物の正体が次第にわかるようになってきました。原始的な魚類の 1 グループで、細長い体形で、遊泳していたと推定されています。

　海底に生まれた秩父中・古生層は、中生代に陸地化しますが、1 億 3000 万年ほど前のジュラ紀から白亜紀にかけて、再び部分的に海底に没して、奥秩父の大滝層群や地溝帯の中生層が堆積しました。新生代の第三紀中新生と呼ばれる 3500 万年ほど前には、アジア大陸東縁の地質構造を決定するほどの、何回目かの激しい断層運動が起こって、日本列島の弧状列島としての骨組みができあがりますが、それまで沈降運動と堆積作用が著しかった太平洋側は、新生代第三紀に入ると動きが一変して上昇をはじめ、大陸側が沈降をはじめました。

　2600 万年ほど前の漸新世の終わり頃、海が内陸へ進み、埼玉の平野部から秩父盆地の奥までが海底に沈み、秩父湾が形成されました。当時の海底堆積物が秩父盆地や秩父山地東縁に残されていて、第三紀層と呼ばれています。いまから 1000 万年ぐらい前には、現在の関東地方東北部の阿武隈山塊、北部の足尾および群馬山塊、西部の関東山地および丹沢山塊、南部の足柄山地、大磯丘陵、三浦半島の大楠山塊、房総半島の房総山塊、その東の犬吠山塊、それらはみな連なっていましたが、第三紀の中新世から鮮新世に起こった地殻変動によって、山々だけを残して陥没してしまいました。茨城県の鹿島灘の方から古東京湾が入り込み、深くて広い内海であったこの地域は、四周の山々から押し出されてきた土砂によって次第に浅い海となっていったのです。一方、海底の隆起運動も加わって、ついに水面上に平地が顔を出すようになりましたが、出現したのは相当複雑な地形でした。

　この海岸線が次第に後退して現在の平野部が陸地となった時代を、今から 200 万年前以降の「第四紀」と呼び、陸化した堆積物の上に火山灰が降り、いわゆる関東ローム層が形成されたのです。さらに沖積世の海進による堆積の時期もあり、海岸線に沿った場所では縄文時代の貝塚遺跡が発見されるところもありますが、それは飯能地方には及んではいません。

2　飯能市の自然のおいたち

　埼玉県の南西部に位置する飯能市は、天覧山（195ｍ）・多峯主山（271ｍ）といった低山性の山地から丘陵地へと移る境目に位置しています。飯能市の最北端でもあるツツジ山（879ｍ）から始まる外秩父山地の稜線の一つに属しています。伊豆ヶ岳（851ｍ）、高畑山（622ｍ）、豆口峠の東（629ｍ）、仁田山峠の北西（560ｍ）、同峠の南（553ｍ）へとつながる稜線の途中から分岐し、周助山（435.8ｍ）、坂石の南（522ｍ）、白子（293ｍ）、多峯主山、天覧山と続いています。伊豆ヶ岳に発するこの尾根は伊豆ヶ岳山稜と呼ばれています。この山陵は天覧山で終わり、南北に走る八王子構造線を挟み、東の高麗丘陵へと続いています。JR八高線は、この八王子構造線沿いに走っています。北にはツツジ山を源流とする高麗川が流れ、この山陵は南に流れる名栗の山々に端を発する入間川とに挟まれています。多峯主山の北西および、北西斜面にはすでに団地の開発が進み伊豆ヶ岳山稜そのものは分断されています。天覧山、太郎坊から東に続く高麗丘陵も西武線および国道299号線により分断されています。

3　チャートでできた天覧山

　天覧山は、関東平野を南北に走る八王子構造線の断層付近に位置しており、市街地の北西にある標高197ｍの低山です。天覧山は秩父層群（秩父中・古生層）に属しており、山頂にはチャート質の露岩がみられます。切り立った「鏡岩」や、突き出た「獅子岩」などがあり、手で触ってみると硬いガラス質（珪質）でできていることがわかります。硬くて風化や浸食に強いチャートの岩は、鏡や屏風のような絶壁や、時には兜や獅子に見立てた形が残ることから、こうした呼び名がつけられることが多いのです。

　この珪質のチャートは、5,000ｍぐらいの深海で「マリンスノー（海雪）」と呼ばれる放散虫などプランクトンの死骸が長い年月をかけて堆積したもので、1ｃｍ堆積するのには、千年から数千年の時間を要すると言われています。浅い海で堆積した場合は、プランクトンを構成する炭酸カルシウムによって石灰質になりますが、深海になるほど炭酸カルシュウムは海水に吸収され珪質だけが堆積します。この深さは炭酸塩補償深度（CCD）と呼ばれています。

天覧山は古くは愛宕権現を祀っていたために、愛宕山と呼ばれていました。その後、徳川綱吉の生母の桂昌院が奉納したと言われる十六羅漢像に因んで、羅漢山と呼ばれるようになりました。そして、明治16（1883）年4月に明治天皇が、この山の山頂から軍事演習を統監されたので天覧山となりました。山頂には1912（明治45）年に建立された「行幸記念碑」があります。低山ながら山頂からの眺望はよく、天候に恵まれれば、都庁や東京タワー、南には丹沢の山並み、南西に富士山、西には御岳山などを望むことができます。

　1962（昭和37）年に発表された飯能を舞台にした三島由紀夫のSF小説『美しい星』の中には天覧山に至る道のりや天覧山に登るときの様子、当時の飯能

天覧山山頂のチャートの露岩（2009年9月撮影）

天覧山の鏡岩　硬く崩れにくいチャートの絶壁で登攀の練習（2009年9月撮影）

天覧山・多峯主山付近の地形図　（出典：「地理院地図」）

市街地の様子などを細かく描写した記述があり、三島が当地で綿密な調査をしていたことが伺えます。三島由紀夫のSF小説はめずらしいので、是非とも読んでみるとよいでしょう。

4 谷戸／谷津

　多峯主山、太郎坊（201 m）、神久山（168 m）、天覧山と続く主たる尾根を分水嶺として南に分岐した尾根には南北に走る4つの谷戸があります。いずれも沢の湧水を水源としており、西から「御岳入り」「本郷入り」「天覧入り」「諏訪沢入り」などの谷戸があり、南の入間川に流れ込んでいます。主尾根の北斜面を集水域とする沢は開発などにより、はっきりとした流れは見られなくなっています。

　関東平野の台地や丘陵の端には、場所によっては谷戸あるいは谷津とも呼ばれている地形が見られます。谷戸／谷津というのは台地や丘陵地に、人の手や木の枝のように、細かく入り組んだ小さな谷のことを指します。縄文時代の晩期から弥生時代にかけての約 2000〜3000 年前の「縄文海退」の時期に、海が退き入江は陸地になって、谷戸の姿がこの頃から出現するようになりました。台地や丘陵が8割を占める関東平野には、台地や丘陵の縁にこの地形が多く見られます。ちょうど、日本に水稲と水田稲作が入ってきた時期と言われていて、谷戸はやがて水田稲作地として利用されるようになります。

　谷戸の最奥地の木々に囲まれた谷頭には「根垂水」と呼ばれている湧水の湧き出し口があり、これを水源として谷戸田（谷津田）がつくられました。落ち葉が分解してできたミネラルがたっぷり含まれた土をくぐってきた水が灌漑水に使われるので、ここで作られた米は良質なものができます。水の乏しい台地には、クヌギやコナラやアカマツからなる森林と畑が広がり、谷の斜面には水源涵養の役目も果たすクヌギやコナラの林になっています。そこはトンボやバッタやチョウを始め、多くの生き物たちの命を育んでいます。谷戸田の近くには林や採草地があり、緑肥としての生草や堆肥用の落ち葉、屋根葺き材料のカヤ、田畑

天覧入りの谷戸（2009 年 9 月撮影）

を耕すための牛馬の餌料になる生草を採るのにも便利でした。このようにいろいろな要素で構成されている谷戸の自然は、人とのかかわりの強い二次的自然環境で、里地里山の重要な構成要素になっています。

5　大地を刻む入間川

　埼玉県では、西側の地盤が隆起し、東側の地盤が沈降する地殻変動が約200万年前から現在まで続いています。隆起する西側では川の浸食で地盤が削られ、谷や尾根が発達する山地になります。沈降する東側では川の堆積で土砂が堆積し、平野が形成されます。このように、埼玉の地形は地殻変動と川の作用によってつくられているのです。

　荒川水系の一つである入間川は途中分岐して、本流の入間川と、多くの支流からなっています。それらのうち、飯能市域には、入間川（いるまがわ）、高麗川（こまがわ）、小畔川（こあぜがわ）の三川が流れ、山峡の谷ごとに流れ下っています。ただし、飯能市の東部を流れる小畔川は、宮沢付近に源を発し、すぐに日高市域に入ってしまい、さらに少し下ってから入間川と合流します。各河川ともかつては水も豊かな清流で、江戸（東京）への筏の木材輸送路として、また製材、製米、製粉のための水車の動力源として利用されたほどですが、流域面積が狭いことや降水量の減少と林相の変化による保水力の減退、流路の変化などにより、流量はずいぶん少なくなってしまいました。しかし、高度差が最大で約700ｍの山地から平地へ流下するため、山地では地形の凹凸が激しく、谷は狭く、小さな滝をつくり、美しい景観を見せています。平坦部の河川敷は広がっていて、スポーツやレクリエーションに適した場所になっています。

　入間川は秩父山地東縁の大持山（おおもちやま）（1,294ｍ）南東斜面の妻坂峠付近が水源地で、

入間川の源流部の細流（2016年9月撮影）

一級河川入間川の起点の碑（2016年9月撮影）

湯の沢川、炭谷川、有間川などの支川が合流して、飯能市域に入るとそれまでの北西から南東方向への流れが、大きく湾曲して西南西から東北東方向に向かいます。曲竹と小瀬戸の境で中藤川を合わせて、西北から東南東方向に向きを変えて、さらに市街地西端より南東に向きを変えます。入間川の上流部分は旧名栗村を流れているので、通称、名栗川と呼ばれています。市街地東南端で成木川を合流し、岩沢地内を過ぎると飯能市域から離れ、やがて川越市東方で荒川本流に合流しています。その流路延長は70kmあまりの一級河川ですが、山間の急流と平野部の緩やかな流れとが相半ばしています。この川の特色は、大きく湾曲して流下するところが多いことと、本流と支流の区別がつかないほどの大きな支流がいくつもあることです。

　高麗川は奈良時代の霊亀2（716）年、高麗郡が設置されたことから、この郡域を流れる川ということで高麗川と名づけられました。高麗川が流れていく日高市を中心として、飯能や日高、鶴ヶ島周辺に朝鮮の高句麗から移り住んだ渡来人たちを集めて奈良時代武蔵国高麗郡が、行政単位として置かれ、この地の原野を切り開いたことが知られています。第5章の南高麗の地名のところで詳しく述べますが（p.125参照）、2016年は高麗郡建郡1300年の年にあたります。高麗川流域の一帯は、いわば「高麗の郷」として共通の文化的基盤を持っています。正丸峠付近に源を発するこの川は、途中、いくつもの河川を合流して南東へ流れ、日高町元宿で大きく湾流して、まるで巾着を絞ったような地形の巾着田をつくっています。この巾着田は500万本ともいわれているヒガンバナ（曼珠沙華）の群生地として知られています。高麗川が巾着田にさしかかるところに堰がつくられ、水位を上げた川水は巾着田の太い水路に流れ込み、毛細

500万本といわれる高麗川巾着田のヒガンバナの群落（2009年9月撮影）

管のように張り巡らされた水路を通って周囲の田圃を潤していたのです。高麗川はさらに日和田山の麓に沿って北東流し、坂戸市北部で越辺川と合流します。流路延長は40kmほどですが、入間川本川の上流部に似通った地形を流れ、源流部も近くて、河岸景観はよく似ています。

6　山地をつくる海底の岩石

　入間川上流部の秩父山地は、火山が一つもなく、すべて地盤の隆起によってできた山地です。入間川上流部の山地をつくる岩石は、すべてもとは海底でできたチャートという岩石です（下の左写真参照）。チャートは陸地から遠く離れた大洋底に、放散虫というケイ酸質の殻を持つプランクトンの遺骸が堆積してできた岩石で、色は赤・白・黒・灰色・淡緑色のものがあります。非常に硬く釘でこすっても傷がつきません。また、ハンマーで強くたたくと火花が飛び、火打石にもなるくらいです。浸食に対しても強く、山頂部では伊豆ヶ岳や天覧山のような岩峰をつくり、谷では岩壁の狭まった峡谷や滝をつくります。

　石灰岩はサンゴ礁をつくる浅い海に住むサンゴ・フズリナ・ウミユリなどの動物の殻が堆積してできた岩石です。色は白・灰色で、釘で傷がつきます。割れ目に沿ってしみ込んだ雨水や地下水によって溶かされ、石柱や鍾乳洞をつくります。烏首峠下の白岩や武川岳山腹の松木では、セメントの原料として採掘されています。南高麗地区では、江戸時代から石灰岩を焼いて石灰生産（石灰焼き）が行われており、最盛期には年間3,000俵からの石灰を搬出していたそうです。その始めは、上直竹の木崎・師岡の2家が慶長年間（1596〜1614年）に窯元となって焼き出したと伝えられています。『飯能市史 通史編』によれば、慶長11（1606）年の江戸城の修築に御用石灰として用いられたことで幕府の保護を受け、時により前金（拝借金）払い、搬出後の功労に対して賞金を与えられたりしたとあります。近世中期まで石灰焼きは活況を呈し、二十数か所に窯元が設置され、付近の農民には格好の農間稼ぎとなっていました。製品輸送が、

入間川で見られる角ばったチャートの礫
（2016年9月撮影）

入間川で見られる丸い砂岩
（2016年9月撮影）

山元から田無（東京都西東京市）〜中野（東京都）〜江戸と青梅街道と八王子街道を経由したことから、上直竹の石灰は、境を接する現在の東京都青梅市の成木、小曽木の石灰とともに江戸では「八王子石灰」と呼ばれていました。幕府が経営した工事には、必ずこの八王子石灰が用いられ、江戸だけでなく日光や京都、大阪など広範に搬送されていましたが、栃木県の野州石灰の江戸進出や、享保10（1725）年に興った江戸蠣殻灰など、産地間の競合や抗争により、飯能の石灰生産は次第に衰退していきました。上直竹ではその後も焼きたてを続け、1897（明治30）年まで火を絶やしませんでした。上直竹地区の石灰産出は、飯能の特殊な産業として、西川材の生産と並んで江戸時代を通じて、地域経済を支えてきた重要な産業の一つでした。現在、訪れる人もほとんどなく忘れ去られていますが、上直竹下分中野間には「石灰焼き場跡」（埼玉県指定遺跡）の碑がひっそりと残っています。

　砂岩は陸地からもたらされた砂粒が、深い海底にある海溝に堆積してできた岩石です。ザラザラとした感じで、肉眼で砂粒が見えます。色は灰色・薄い茶色などで、縞模様があることも多いようです。風化するとオレンジ色がかった茶色になります（前ページ右下写真参照）。

　泥岩は陸地からもたらされた泥が海溝に堆積してできた岩石です。なめらかな感じで、肉眼では粒子が見えません。色は黒・濃い灰色で、釘で傷がつくくらいです。割れやすく、薄く板状に割れるものは頁岩と言います。凝灰岩は海底火山から噴出した火山灰や細かい軽石などが大洋底に堆積してできた岩石です。色は緑・赤などがあります。火山が噴出したものによって色や質感がさまざまなので、見分けるのがとても難しいです。

産業遺跡、石灰焼き場跡（2016年6月撮影）

飯能の山の多くは海底に堆積してできたチャートなどが隆起してできたもの（2009年9月撮影）

海底の岩盤である海洋プレートはゆっくり動いて、海溝で陸地の岩盤である大陸プレートの下に沈み込んでいきます。石灰岩・チャート・凝灰岩などは、海洋プレートに乗ってはるか遠洋から海溝へ運ばれ、海溝で陸からもたらされた砂や泥の中に混ざりました。大陸プレートが、ブルドーザーのように海洋プレートの表面に乗っかる堆積物をはぎ取り、はぎ取られた堆積物は陸地側に折り重なって付け加わっていきます。この現象が隆起です。隆起によって海底の岩石が山地をつくり上げたのです。

7　古多摩川と飯能礫層

　入間川の川原の石は、大雨で川が増水した時に上流の山をつくる岩石が流されてきたものです。特に入間川中流部の川原で見られる石は、チャートと砂岩がもっとも多く、この２種類で川原の石ころの80％以上を占めています。砂岩は流されてくる間に他の石とぶつかり合ったり擦れ合ったりして、角が取れて丸みを帯びた円礫になります。チャートは硬いため、流されてきてもあまり壊れずにごつごつした形の角礫になります。上流の山地で多く見られる泥岩（頁岩）や赤色泥岩（頁岩）は、川原ではほとんど見つかりません。これらは薄く割れて壊れやすいため、上流から流されてくる間に細かく砕かれてしまうからです。

　飯能市の矢颪から阿須にかけての入間川にはやや茶色っぽく石が固まった感じの川原が見られます。この川原は、今の入間川が運んできた石の川原ではな

飯能礫層をつくったのは古多摩川（出典：『入間川再発見』13頁）

矢颪の川原で見られる飯能礫層
（2009 年 9 月撮影）

入間川の源流部には見られない火山性の閃緑岩（2016 年 9 月撮影）

く、約 200 万年前に堆積した大昔の川原の地層です。この地層を飯能礫層と言います。飯能礫層は関東山地をつくる地層（秩父層群）の壁に接して、角礫が積もった状態から始まります。これは現在の山地と平野の境に断層ができて平野側が陥没し、そこに山地側の岩が崩れ落ちて堆積したものと考えられています。その後、山地はどんどん隆起し、平野側は沈降していきました。隆起する山地側に降った雨の水は、沈降する平野側に向かって流れ出し、川が生まれます。川は隆起する岩盤を削って流れ、谷を刻んでいきます。山地の隆起が激しくなるほど、川も急流となって岩盤を激しく削り取り、谷が深く大きくなっていきます。そして、川が削り取った岩は沈降する平野側に流れ出し、山麓部に堆積していきます。こうして山麓部に積もった大量の川原の石ころの地層が飯能礫層です。飯能礫層は、関東山地の隆起と平野の始まりを示す地層となっているのです。

　飯能礫層をつくる川原の石には砂岩が多く、また閃緑岩やホルンフェルスの礫を含むのが特徴です。閃緑岩やホルンフェルスは、現在の入間川上流には見られず、多摩川上流の奥秩父や奥多摩に分布しています。このことから、飯能礫層を堆積させた川は、現在の多摩川流域の川、つまり古多摩川だったと考えられます。

　閃緑岩はマグマが地下深いところでゆっくりと冷えて固まってできた岩石です。石材によく用いられる花崗岩（御影石）の仲間になります。飯能礫層の中では、風化してボロボロにくずれやすくなっているものが多く見られます。

　ホルンフェルスは砂岩や泥岩が地下でマグマに接触して、熱で変成した岩石です。非常に硬く、ハンマーで強くたたいてもなかなか割れません。割れ口は

阿須付近の川原でアケボノゾウの足跡やメタセコイアの化石が発見された（2016年9月撮影）

あけぼの運動公園にはアケボノゾウのモニュメントの側にメタセコイアが植えられている（2016年9月撮影）

鋭く角張り、紫がかった黒色でキラキラと光を反射します。

8　飯能とアケボノゾウ

　飯能市阿須から狭山市笹井にかけて、入間川の河床や川岸に粘土が固まったような滑りやすい地面が所々に現れます。これは、仏子層と呼ばれる約150万～100万年前に堆積した地層です。この地層は、砂や砂と粘土の中間の粗さの粒子からなるシルトの層や、植物化石の密集した亜炭層、石が混じった砂礫層などからなり、肩高2m以下の小型の「古代象」のアケボノゾウの足跡化石やメタセコイアの球果や貝化石、干潟に棲む生物の巣穴の化石なども見つかっています。メタセコイアは今から100万年前頃に絶滅したと考えられていましたが、1945年に生き残りが中国の四川省の原生林で発見され、「生きている化石」として話題になった樹木です。

　仏子層が堆積した当時関東平野の大部分は海で、関東山地から流れ込む土砂がこの海に堆積していました。仏子層が堆積した頃の飯能から狭山への一帯は、湿地や水辺の森が広がっていた時期や、浅瀬の海や干潟だった時期を繰り返していたと考えられています。飯能市のあけぼの運動公園には、アケボノゾウのモニュメントと、「生きている化石」のメタセコイアの木が植えられています。

　この公園に接する段丘崖の阿須には、埼玉県でただ一か所しかない亜炭の炭鉱がありました。日豊鉱業（旧武蔵野炭鉱）という会社が、現在も炭化度の低い亜炭を土壌改良材や肥料の原料用に生産をしています。ただし、原材料は東北地方などから導入していて、現在、この炭鉱での操業はしていません。

9 扇状地と河岸段丘

大持山から流れ下ってきた入間川は、飯能で平野に出ると、流路を大きく変化させながら扇状地を形成しました。川が山地から平地に流れ出る谷口の扇頂を起点として、扇を広げたような地形が形成されます。これが扇状地です。目の粗い土砂や石ころが目立ちます。山地と違って、谷口では川床の傾斜が緩やかになりますから川の流れが急に緩やかになり、運搬作用も小さくなってしまうのです。川が上流から運搬してきた土砂や石ころは、谷口近くに堆積され、やがて扇状地ができます。川の作用によってできた地形はどれも川の堆積物で表面を覆われていますが、それは一度にできたものではありません。流路の位置が変わりながら長い年月をかけてできたものなのです。扇央と呼ばれる扇状地の中央部分では土砂や石ころが厚く堆積しているため、水の浸透が激しく川の水は地下にもぐってしまいます。このことを伏流と呼びます。そして扇端とよばれる扇状地の末端部分では、伏流していた水が泉となって湧き出ています。飯能

図 扇状地ができるまでの模式図
（出典：『日本の川を調べる1 川から何を学ぶか』14頁）

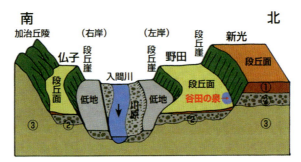

① 関東ローム層（火山灰が積もって出来た土）
② 段丘礫層（川原の石ころや砂の層）
③ 仏子層（段丘の基盤や加治丘陵をつくる層）

入間川の河岸段丘の模式図　（出典：『入間川再発見』16頁）

を扇の要とし、東〜北東方向へ大きく弧を描くように広がる入間（飯能）台地が、かつての入間川の扇状地です。扇状地が形成された約13万年の間、地球の気候は温暖な時期（間氷期）から寒冷な時期（氷期）へ、そしてまた温暖な時期（後氷期）へと激しく変動しました。また、山地の隆起と平野の沈降も続いていました。こうした気候変動と地殻変動の影響を受け、入間川は砂礫をためて川原を大きく広げた時期と、川底を削り地面を掘り下げた時期を繰り返しました。このような川の流れの変化が「河岸段丘」として地形に残されています。

川の上流や中流の両岸に、まるで雛壇のように階段状になっている地形が河岸段丘と呼ばれる地形です。地盤が隆起することによって川が河床を下方に浸食していく力が増すのが原因です。隆起を何回も繰り返せば、数段の段丘が形成されます。流路がえぐられて新しい谷ができたとき、もとの河床があった平らな面が段丘面、新しい谷と段丘面の境目にできる急な崖が段丘崖です。段丘崖下では段丘面を浸透した地下水が出てきた湧水池が見られます。余談ですが、段丘崖のことを通称ハケと呼び、「垳」という漢字をあてています。山の尾根の峠は山偏に上下と書きますが、ハケは土偏に上下と書き、それぞれの地形をよく表していると感心させられます。

川に近いところの下位段丘面と、その外側にある高度の高いところの上位段丘面とでは土地利用がかなり違います。段丘面上は一般的には水が得にくいために、畑地が広がっています。道路や集落も発達しています。水の得やすい川筋に近い下位段丘面には水田も開かれています。急な段丘崖の多くは森林や草地になっています。上流から下流に向けて川に沿って歩いてみると、川の様子や周りの景色が違っているのに気づきます。川には地表を削り取る浸食作用、削った土砂を運んでいく運搬作用、運んできたものを置きざりにする堆積作用という3つの作用があります。上流・中流・下流と場所によってこの3つの作用の仕方が違うために、川筋の景色は違ってきます。

10　瀬・淵・瀞

上流では浸食作用により、深いV字型をした切り立った峡谷や、石畳でできている渓谷が見られます。所々に滝を見かけることもできます。このあたりは傾斜が急で、流れが速いので、浸食作用と運搬作用が盛んに行われています。深い谷が刻まれているのはそのためです。中流部では川幅が広くなって流れも

入間川の早瀬（2005年5月撮影）　　　成木川の瀞で水遊びする犬（2009年9月撮影）

緩やかになり、運搬作用が目立つようになります。谷も開けて狭い平野や、河岸段丘が見られます。川には瀬と呼ばれる流れの浅いところと、深くて流れが緩やかな淵と呼ばれるところがあります。淵の中でも流れが特に静かなところを瀞と呼んでいます。荒川の長瀞は、この瀞のつく地名です。

　瀬には流れの速い「早瀬」と、流れの緩やかな「平瀬」があります。中流では早瀬と平瀬、淵が最もはっきりと現れます。こうした場所は釣りや川遊びには絶好の場所です。しかし、淵などでは小さな子供が足をとられて水難に合うことが多いので、気をつけなければなりません。

11　飯能市の気候の特色

　飯能市は2005年1月に山間地の名栗村と合併し、秩父山地丘陵・台地部にいたる広大な市域を持ち、森林率は75％になっています。名栗地区は実に地区総面積の95％が山林を占めています。秩父市に連なる名栗地区山間部の標高1,000mを超える地域と、平地の市役所付近の標高110mの地域では、900m前後の標高差があります。したがって、平地部での観測結果をもとに作成した雨温図なので、市域全体をカバーする観測データではありません。

　最低日平均気温は、-4.6℃（1月）ですが、秋から冬にかけての山間地域の気温の下降は著しくなり、山地では10月の中頃には初霜を観測することがあり、平地部よりも1か月ほど早くなります。また、山間部では降雪も多く見られます。平地部では冬は晴天が続き、雨が少なく、乾燥した強い季節風が「空っ風」となって吹きまくり、関東ローム層の土壌とも関連して霜柱が立ちやすく、空気は乾燥して風塵が舞い上がります。2月になると気温が上昇し始

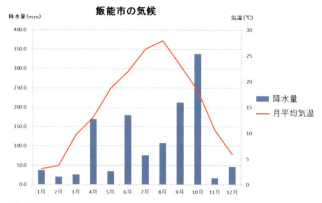

飯能市の雨温図（資料：2016年版「統計はんのう」埼玉県西部広域消防本部データにより作成）

め、スギ花粉の飛ぶ季節になります。夏は8月の最高気温が39.4℃となり、太平洋高気圧に覆われて晴天が続き、全国屈指の高温地区となります。

　年降水量は埼玉県全体を平均すると1,400 mm前後ですが、飯能市もほぼ同じくらいです。ただし秩父山地は多く、名栗地区でも1,800 mmに達します。3月下旬頃から4月にかけて、次第に南岸低気圧の影響を受けて降水量が多くなります。6月から10月まで降水量が多くなりますが、これは梅雨や台風の影響によるものです。台風の影響以外に雷雨の影響も見逃すことができません。秩父山地から飯能名栗の西部山地にかけては、全国有数の雷雨発生地域であり、この地域の夏の降水量の多くは、雷雨によってもたらされるものです。したがって、飯能の気候をエコツアーとの関連から考えると、夏の高温による熱中症と熱射病、そして雷雨による落雷被害への対策が、特に重要になります。

コラム1　熱中症と熱射病の予防

　熱中症というのは蒸し暑い環境下で起こる障害の総称で、次のような病型が知られています。日射病（熱失神）は炎天下において皮膚血管の拡張によって血圧が低下し、脳の血流が減少して起こるもので、めまい、失神などの症状が見られます。顔面蒼白となって、脈拍は速くて弱くなります。熱疲労は脱水による症状で、脱力感、倦怠感、めまい、頭痛、吐き気などが見られます。熱痙攣は大量に汗をかいたときに、血液の塩分濃度が低下して、足、腕、腹部の筋肉に痛みを伴った痙攣が起こります。

熱射病は、体温の上昇によって中枢機能に異常をきたした状態です。反応が鈍くなり、言動がおかしい、意識がないなどの意識障害が起こり、死亡率が高いのが特徴です。たとえ曇った日や低い山の林の中でも気温が高い場合、日射病と同じ様に吐き気、めまいなどを訴えることがあります。このような症状の人が出たら、日陰の風通しの良い場所に移動させて、水分を補給し、衣服をゆるめ、あおむけにして応急処置をしてください。

コラム2　落雷への対応

　雷雲が近づき、雷鳴があったらまず室内や自動車内に避難するのが鉄則です。雷は周囲より高いものに落ち、より電気を通しやすいものを流れる性質があります。不幸にして近くで落雷にあったら、近くに木など高いものがある場合、その高さと同じ距離だけ離れ、姿勢を低くします。このとき木に触れたり、木のそばに雨宿りのつもりで立っていたりしてはいけません。あずまやの中に逃げ込んでも、立っていたり、柱によりかかったりすると危険です。自転車やバイクで逃げようとするのは非常に危険です。これらのスピードでは雷雲から逃げられません。また、落雷の危険性については金属を身につけているかどうかは関係ありません。

　落雷で動けなくなった人が出たら、真っ先に、脈拍と呼吸を調べます。心肺停止に陥った時には、当然ながら人工呼吸と心臓マッサージによる蘇生術を試みることが大切です。脈拍と呼吸が止まっている場合でも、絶対に諦めてはいけません。心肺蘇生で一番蘇生しやすいのが、雷に撃たれた時だそうです。

　落雷の被害者は電気を溜めていないので、救護者が手を触れても感電はしません。脈拍と呼吸があっても意識を失っている場合は、肩の下に高さ10 cmくらいのものを当てて頭を下げて気道を確保した上で、救急車の到着や救援を待ってください。

第3章　里地里山の多様な草木

　秩父山地は徐々に標高を下げて、低山帯から丘陵部へ、そして関東平野の武蔵野へと開けていきます。その低山帯に旧名栗村、丘陵部から平野にかけて飯能の市街地が広がっています。飯能市は2005年に旧名栗村と合併し、秩父山地から丘陵・台地部にいたる県内第2位の193.16 km^2 の面積となり、そのほとんどが山地になっています。広大な市域を持つ飯能市は、森林率が75.4％、名栗地区は95.0％で、市域の大部分が埼玉県立奥武蔵自然公園の指定地域になっています。飯能では、里地里山から奥山までの多様な植物たちに出会えます。

1　照葉樹林とブナ林のターミナル

　飯能市の最奥地の名栗と秩父市の境界は、入間川と浦山川の分水嶺となっています。標高1,000 m前後の稜線付近は、ブナ、ミズナラを主とした落葉広葉樹の自然林が残り、冷涼な地域には直径1 mを超えるブナの巨木が点在しています。また、一方、南高麗地区の上直竹下分にある富士浅間神社の裏山の滝の入には、目通り5.5 m、推定樹齢700年とみられる温暖な地域に分布する照葉樹の巨大タブノキがそびえ立っています。これは日本のタブノキの分布の北限の記録です。まさに飯能は南方の照葉樹林と、北方のブナ林のターミナルなのです。

　日本列島を平面的に見ると、植物生態学的には落葉広葉樹に覆われた東日本と、照葉樹ともいわれる常緑広葉樹に覆われた西日本に、大きく二分されています（47頁の図）。海岸沿いの土地は暖かく、反対に山中は寒いので、実際の東と西の境界線は複雑な走り方をしていますが、関東平野の北部は東日本と西日本の境界に当たっています。したがって、関東平野以西の本来の自然植生は、大部分、照葉樹の陰樹で、ヤブツバキ・クラス域に属しています。そうすると、アカマツや落葉広葉樹のクヌギやコナラなどの陽樹で構成されている武蔵野の平地林は、本来の自然植生ではないことがわかります。陽樹というのは、太陽

秩父市との境界の稜線上にそびえるブナの巨木（2004年11月撮影）　　日本の北限にあたる南高麗のタブノキの巨木（2005年4月撮影）

の直射日光のもとでよく生長をして、日陰では生長しにくい木を言います。だから、陽樹は条件さえよければ、若木の時にとても早く生長します。しかし、陽樹は自らが生長してきた林の中では、新たな芽生えを育てることができません。なぜなら、陽樹の芽生えは強い日光を必要とするので、林の中の弱い陽光では生長が難しいのです。それに対して、林の中のうす暗い光の中でも芽生えを生長させることができるのが陰樹です。

　飯能市でみられる陽樹のクヌギ・コナラ・アカマツなどからなる林は二次林です。東北日本のブナ林や西南日本の照葉樹林といった極相林（きょくそうりん）が山火事や洪水、山崩れ、人間による伐採などによって破壊された後にいくつかの段階の遷移（せんい）を経てできた森林を二次林と言います。遷移の最終に生まれる森林、すなわち極相段階に達した森林を極相林と言います。したがって、一般に陰樹は極相林になりますが、陽樹は極相林にはなれません。東北日本では陰樹のブナが極相林で、これを伐採するとブナ科のコナラ、ミズナラ、シラカバなどの二次林が成立します。西南日本では照葉樹が極相林で、これを伐採すると２つのタイプの二次林が成立します。一つは近畿以東の中部や関東地方に多いコナラやクヌギ

第3章　里地里山の多様な草木　47

常緑広葉樹林
（照葉樹）

亜寒帯針葉樹林

落葉広葉樹林（ブナ林）

日本の潜在植生

やクリを中心とする二次林です。他は、近畿以西の二次林で、クヌギやアベマキやクリを中心とするものです。里山として利用してきた平地林のクヌギやコナラの二次林は、陽樹林の段階で人間が手を加え続けることによって、植生遷移を中断させる「偏向遷移」によって歴史的に維持されてきたものなのです。

2　山林と平地林、里山と雑木林

　日本最大の関東平野には、都市化が進んだ現在でもクヌギ・コナラ林やアカマツ林からなる平地林が相当多く残っています。多くは農民が保有していて、平均１ha前後という零細な保有規模です。関東平野の台地の上は、標高が低く傾斜は緩やかですが水が得にくく、そのためにこの林が畑作農業にとって、なくてはならない存在だったからなのです。

　ところで平地林という用語に耳慣れないものを感じる方が多いのではないでしょうか。事実、日本全国の市町村の税務課や法務局にある土地台帳には、その土地が平地であっても、森林に覆われていれば地目名はすべて「山林」と表記されています。日常的にも平地の森林を山林と呼び、平地林と呼ぶ人はあま

り見かけません。ところが、1880年代後半（明治20年代）に刊行された埼玉県の「統計書」や「勧業年報」を見ると、民有の林野が山地と平地の森林、そして草山の3つに分けて載せられていました。その頃は日本も産業革命をようやく迎えようとする時期でしたので、政府もまだ薪炭材や堆肥材料などを供給していた平地林の重要性をよく知っていたからなのでしょう。

しかしこうした統計上の取り扱いも一時的で、産業革命が本格化する数年後に森林はすべて山林の項目しかなくなってしまいます。以後、現在の農林業センサスに至るまで、わが国のすべての統計類から、平地林という項目は全く存在しなくなってしまいました。平地林は全国的に見ると少なかったのと、その重要性が次第に薄れてきたために、ついに市民権を得るまでに至らなかったのです。

3　畑作地帯と平地林

関東平野の平地林の分布図をよく見ると、水田稲作が卓越している荒川・多摩川・利根川などの流域の低地には、ほとんど平地林がないことに気づきます。平地林の分布は、平野総面積の約8割を占める相模原・武蔵野・大宮・下総・常陸・那須野原などの台地や、丘陵上の畑作地帯と見事に一致しています（次頁の図）。河川が上流域から運んできた低地の土壌は、有機質が多く含まれていて田圃の土としては地力が豊かなのです。台地や丘陵や扇状地の上は、水を引くことの難しい土地ですから、新しく村がつくられ耕地が拓かれても、耕地の大部分は畑地でした。しかも、畑地の表面を覆っている黒ボク土は関東ロームを母材としているために、リン酸分や腐植が欠乏していて地力は低いのです。また、冬には霜柱が立ち、雨が降ればぬかるみとなり、乾くと土ほこりが舞い上がるなど、なかなか手に負えない土なのです。この土で畑作を続けていくには、多量の有機質を入れることが不可欠です。したがって、ここで畑作農業を維持するには、落葉広葉樹を主体とした平地林を育成し、落ち葉で堆肥をつくり、多量の有機質肥料を畑地に投

畑作と結びついた関東の平地林（1994年4月撮影）

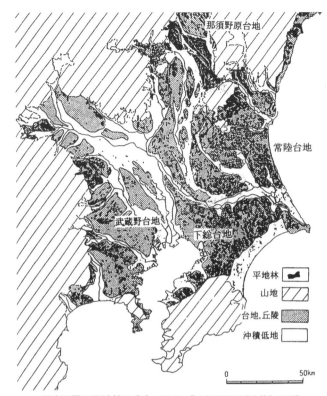

関東平野の平地林の分布 （出典：『関東平野の平地林』11頁）

入しなければなりません。このように関東地方に平地林の里山が多く見られる理由は、関東ロームに覆われた台地や丘陵が多く存在するという自然条件と、関西に比べれば開発の歴史が新しく、しかも畑作を中心にしていたという社会・経済的条件に求められます。

　農民は毎年冬になると、林に入り、林床の下刈りを行い多量の落ち葉を採取して、堆肥をつくり、農業の再生産を維持してきました。また、燃料になる薪や粗朶なども得ていました。その他、屋根葺き材料のススキなどのカヤも入手でき、食料になるキノコや野草も採れました。つまり、平地林は51頁の図のように農業の再生産や農家の生活を維持するための林野で、一般に農用林と呼ばれています。建築用材の生産を目的とする育林地帯のスギやヒノキの山林とは樹種も役割も異なっているのです。台地や丘陵、扇状地の森林は大部分がクヌギ・コナラ林やアカマツ林を主体とした農用林です。また、冬の強烈な嵐として有

武蔵野の冬の風物詩、落ち葉かき（1991年1月撮影）

名な「からっ風」から畑地の土や屋敷を守り、台地や丘陵に降った雨を直ちに流し去らないようにする保水機能も果たしていました。さらに、集落の周りには伐採されたばかりの林や、生育の段階の途中にある林などがモザイク状に存在していたので、さまざまな種の昆虫や動植物たちが生息することができ「種の多様性」が図らずも保持されていたのです。

4 里地里山とは

　関東平野の農民はこの平地林を「ヤマ」と呼び、決して雑木林とは言いません。ヤマというのは起伏量が大きく傾斜の急な山地の地形を意味しているのではなくて、農用林を意味しているのです。国土の4分の3が山地で占められていて、そのほとんどが森林という土地利用の国土で暮らす日本人にとって、森林がある場所はすなわちヤマなのです。同様にして考えると、「里山」の山も、山地ではなく農用林を指しているのでしょう。すなわち、里山というのは、本来は人里に近い農用林だったのです。

　「お爺さんはヤマにシバ刈りに、お婆さんは川に洗濯に……」子供の頃にだれでも一度は聞いたり、絵本で読んだりした「桃太郎」の出だしの一節です。このヤマも、山地ではなくてもちろん里山の農用林を意味しています。シバというのは芝生ではなく「柴」のことで、「枝葉」とも書くように、焚きつけや「刈敷」に使ったりする小枝のことなのです。刈敷とか「カッチキ」と呼ばれているのは、春に芽吹いた樹木の新しい梢葉を採取して、水田や畑に腐らせないで緑のまま緑肥としてすき込むものなのです。

　ところで里山というのは、本来、学術用語というよりは慣習的用語です。所三男著の『近世林業史の研究』によると、江戸時代の宝暦9（1739）年に、寺町兵右衛門が著した『木曽山雑話』の中に「村里家屋近き山を指して里山と申し候」と書いてあるのが紹介されています。さらに、明治38（1905）年に農商務省山林局が発行した『單寧材料及槲樹林』の中に、「深山」に対置させて「里

第3章　里地里山の多様な草木　51

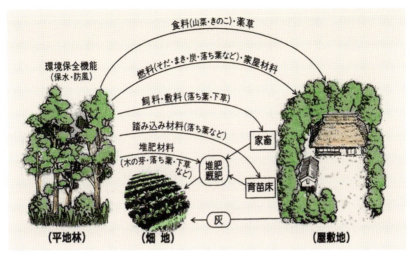

農用林の役割（出典：『里山と人の履歴』13頁）

山」が使用されています。

　生態学者の田端英雄さんは『里山の自然』の中で、トンボ類やカエル類の産卵場所や生活場所を調査した結果、「林やそれに隣接する水田や畑と畦、ため池や用水路などがセットになった自然を里山と呼ぶ」としています。すなわち、本来の農用林という狭義の里山だけではなく、それと隣接し深い関係を持つ耕地や水路や屋敷地も含

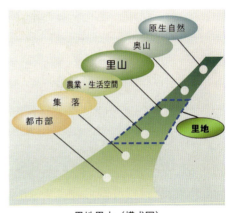

里地里山（模式図）

めた農村環境を指しているのです。これは里山の生物に限らず、人間の生活や農業、民話や童謡の舞台になっているのも、この「里山」なのです。

　ところで国が里山について考えるようになったのはつい最近で、1994年に環境基本計画を決めてからのことです。その中で、上の図のように人口密度が低く森林率がそれほど高くない地域を「里地」と呼ぶとしています。そして、「農林水産活動など様々な関わりをもってきた地域で、ふるさとの原型として想起されてきたという特性がある」と規定しています。これを見ると、里地は広義

の里山とほぼ同じ意味に使われています。本書では広義の里山と狭義の里山を合わせて、里地里山として使用します。

　徳富蘆花が明治33（1900）年に著した『自然と人生』中の「雑木林」の一節や、国木田独歩の『武蔵野』を始めとして、自然主義文学者の文芸作品の中で、武蔵野の平地の林の美しい田園風景がいきいきと描写されています。すなわち、武蔵野のクヌギやコナラからなる平地林を、雑木林として新たに風景価値を評価したのは、日本の産業革命期に当たる20世紀初頭の自然主義文学者たちでした。

　こうした文芸作品の影響を強く受けて落葉広葉樹林の親しみやすさに共感した一般市民は、以後、武蔵野の平地林を「ぞうきばやし」と呼ぶようになったのです。私自身、一年中、姿形を大きく変えず凛としてそびえ立ったスギやヒノキなどの針葉樹林よりも、春の新緑、夏の緑陰、秋の紅葉、冬の落葉と四季折々趣のある姿を見せてくれる落葉広葉樹林の方に親しみを感じます。しかし、何と言っても雑木林に冠された「雑」の字は雑種、雑用、雑役、雑魚等と同様に、農民が平地林に対して抱いている「重要・不可欠」という感覚とは程遠い感じを与えてしまいます。農民ではなくいわば傍観者として美しい平地林を見た文学者は、おそらく平地林が農民にとって農家生活や、農業生産に結びついた農用林であるという理解にまでは達することなく、「雑木林」という語を用いてしまったのでしょう。それだけに、かえって一般市民には、より親しみやすい存在と感じられたに違いありません。それ以後、里山や平地林は雑木林とイコールに扱われてきましたが、農民にとっては単に美しく親しみやすいだけの雑木林ではないのです。

5　山地の自然植生

　飯能の最奥地の名栗地域は周囲を標高400〜1,200mの尾根筋に囲まれ、北西端は秩父盆地と接する尾根筋となっています。そこを源流部としている名栗川や高麗川はやがて合流し入間川の本流となり、下流域は武蔵野へとつながります。入間川の上流部の通称名栗川や、高麗川が流れ来る山間地の年平均降水量は1,700〜2,100mmで、冬には積雪を見ますが、全体としては比較的温暖で、降水量は平野部より多くなっています。自然植生は低山部にはカシやカエデ、ハンノキ、コナラ、シデなどの暖帯性広葉樹とモミ、ツガ、アカマツなどの針

葉樹が混ざっています。その外延部の 1,000 m 以上の山地にはブナやミズナラなどが見られます。

　自然林を纏(まと)った山の四季折々の美しさが、すぐ目に浮かぶような俳句の季語があります。春、木々が一斉に若芽を芽吹くと、まるで山一面が笑っているように見える時期が「山笑う」です。夏、全山、深い緑にあふれる頃は「山滴る」です。秋、紅葉や黄葉に覆われるさまは「山装う」です。冬、落葉広葉樹が葉を落とし静かに佇(たたず)む頃は「山眠る」となります。

　冬季の北西季節風と乾燥で一部スギやヒノキを植栽するのに不適当な土地も見られますが、大部分は植栽可能な土地条件となっています。地質も秩父盆地を取り巻くジュラ系の中生層からなり、一部に古生層も含まれ、西南日本の外

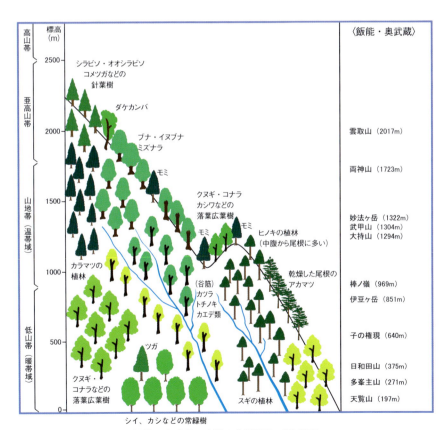

飯能・奥武蔵の山地の自然植生（模式図）

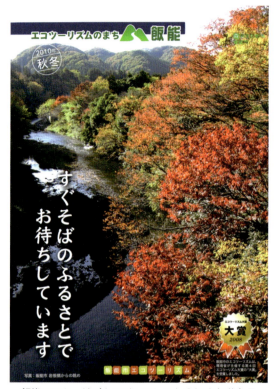

飯能エコツーリズムのパンフレット 2010 年秋冬号

帯とよく似ています。山間地域の商品生産は、主に木材や木炭であり、そのほか漆や大豆、紬、生糸、綿、和紙、石灰など多様で、副業の農間稼ぎとして生産され、年貢として取り立てられたことも多かったのです。

6 紅葉の仕組み

　桜の開花前線とは逆に紅葉前線は高緯度の北の方角や、高山から南下してきます。緑の葉が、なぜこんなにもきれいな赤や黄色に変わるのでしょうか。美しい黄葉や紅葉をたずねるのは、上のパンフレットのように秋の里山のエコツアーの大きな魅力の一つです。紅葉や黄葉のメカニズムは樹種によって少しずつ異なるようです（次頁の図参照）。『NHK 趣味悠々 樹木ウオッチング』の中で著者の森本幸裕さんは次のように解説しています。

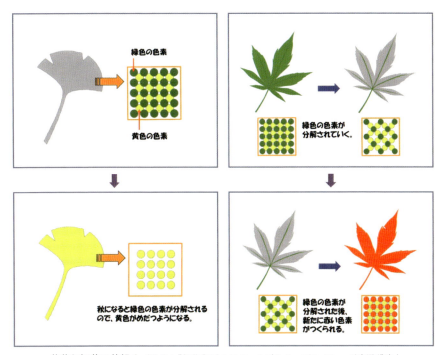

黄葉と紅葉の仕組み（出典：「飯能名栗エコツーリズムオープンカレッジ実践講座」解説シート No.29）

「秋に日照時間が短くなり、寒さが次第に増してくると落葉樹は葉を落とす準備を始めます。枝と葉には水分を供給したり、同化物を運んだりするパイプが通っています。葉の老化が始まるとこのパイプを遮断するため「離層（コルク細胞）」が形成されるようになります。同時に葉の緑色のタンパク質のクロロフィル（葉緑素）も分解し始め、それまで隠れていた黄色い色素カルチノイドが現れてきます。イチョウやブナの黄葉はこのようなメカニズムによるのです。

そして、葉と枝との間に離層ができると光合成によってつくられた糖は枝に流れず、葉に蓄積されるようになります。モミジの紅葉の赤い色素アントシアンは、これをもとに合成されます。ですから、離層が形成され光合成が行われる状態、つまりは昼間に晴れて日当たりがよく、夜も晴れて冷え込むようなら、美しい紅葉が見られるというわけです。毎年、このような条件になるとは限らないため、紅葉がきれいな年や、そうでもない年があるのです」

7　固有種のハンノウザサ

天覧山の見返り坂付近に自生しているハンノウザサ（2009年9月撮影）

　ハンノウザサ（飯能笹）は日本の植物の父、故牧野富太郎博士が飯能に来て発見され、飯能の地名を取って名づけられたササです。見返り坂の上り口付近に自生し、アズマネザサの仲間で、葉の裏にビロード状に毛が密生しているのが特徴です。1941（昭和16）年3月に埼玉県の天然記念物に指定されました。天然記念物なので、注意しながら葉の裏側を触ってみると、写真のように葉の幅が狭いアズマネザと一緒に生えていますが、手触りを比べてみると違いがわかります。冬季に乾燥すると、葉のふちに白い隈取ができます。

8　キノコ

　ブナ・ミズナラ林の奥山から、クヌギ・コナラ林の里山まで広大な地域からなる飯能市では、キノコ狩りのシーズンの秋になると、朽ち木や落ち葉の中から顔を出している色とりどりのキノコたちに出会うことができます。一瞬、「キノコ鍋」が頭をよぎりますが、食べたら死に至るような「毒キノコ」が沢山あります。日本に生えているキノコは約5,000種と言われていますが、正確な数は分かっていないそうです。食べられるキノコと、毒キノコは素人にはなかなか区別がつきにくいものです。数あるキノコの中にはよく似たものが幾つもあるので、素人が見極めるのはかなり難しく、一番安全なのはキノコの専門家に同定してもらうことです。キノコ料理は楽しいのですが、生兵法はケガのもとで、毒キノコに十分気をつけなければなりません。「ナスと一緒に調理するとキノコの毒にあたらない」「地味な色のキノコは食べられる」「柄が縦に割けるキノコは食べられる」といった言い伝えは、何の根拠もありません。もっとも、シイタケをはじめ、どのキノコでも生で食べれば全部毒だと言われています。最近は生のマッシュルームをサラダ感覚で食べる人もいますが、量が少ないから大丈夫なだけというのが「ナチュラルフードコーディネーター」の肩書を持ち、白神山地でガイドとして活躍しているキノコの専門家の河田展安さんの考

落ち葉の中から顔を出したドクツルタケ
（2013年10月撮影）

チャウロコタケ

コテングタケモドキ

ドクベニタケ

ムラサキアブラシメジモドキ

（いずれも2016年9月撮影）

え方です。

　キノコは、普段は朽ち木や落ち葉の中に、細長い菌糸を張り巡らせた菌として生きています。子孫を増やすときに地上にキノコをつくり、そこから撒いた胞子が育つとまた菌ができていくという仕組みです。キノコは枯れ枝や木の切り株などによく生えるため、その姿を見た昔の人が、「木の子」と名づけたと言われています。菌は強力な消化酵素を自分の周りに出して朽ち木や落ち葉、そこに住む生物を溶かし、栄養を吸収しています。食用キノコで有名なヒラタケは線虫を消化する酵素を出すことが分かっています。

そうした強力な酵素が人間には毒として作用するのです。菌は植物のように太陽光から光合成によって自身で栄養をつくれないし、動物のように餌を探しに動き回れないので、こういう性質を備えたのだと考えられています。ただ酵素はタンパク質なので、熱を加えると性質が変わり、たいてい無毒になります。いわゆる毒キノコと言われているキノコの毒は、タンパク質ではない物質によるものなので、熱を加えても無毒にはならないことを覚えておかなければなりません。毒キノコの毒はタンパク質よりずっと小さい物質で熱に強く、熱によって性質が変わることはありません。

こうした毒キノコは護身のために、動物に「食べたらダメ」というサインを出すことで、自分が生き残りやすくなるためかもしれません。毒にはたくさんの種類があって、種類ごとに毒の理由は異なっています。ある種類では成長に必要な物質が、たまたま人間には毒だということもあるでしょう。

カワラタケから開発されたクレスチンのほか、いくつかの菌からガンなどに効果がある物質が生産されています。人類は第２次世界大戦後、ペニシリン、ストレプトマイシンなどの抗生物質の発見に刺激されて、数々の貴重な医薬品を菌からとって微生物産業を発展させてきました。また、シイタケやマイタケ、シメジやエノキタケなど食用キノコの栽培産業は、構造的な不況に陥った第２次世界大戦後の日本の農山村の現金収入源として、大きな役割を果たしてきました。

9　氷河期のレリック（遺存種）の春植物

谷戸田を奥に進むとヤマの縁に突き当たります。谷戸田を囲むヤマは、日照り続きの時も水が涸れないように農民たちが維持管理してきた二次林なのです。そして、ヤマの樹木は刈敷（かりしき）や生草や落ち葉など農業の再生産に用いる資材や、薪炭材や建材など農村生活を維持するための資材などを得るために都合のよいクヌギやコナラなどの落葉広葉樹やアカマツが多く見られました。早春のヤマの中では、木々が葉を茂らす前の束の間に、カタクリやキツネノカミソリ、イチリンソウ、ニリンソウなどが葉を広げ、花を咲かせています。これらの植物は雑木林で早春に葉をつけ花を咲かせ、新緑の季節には葉を落としてしまいます。早春にだけ姿を現すので、「春植物」あるいは「スプリング・エフェメラル（春の短い命）」と呼ばれています。60頁下の図のように落葉広葉樹の木々が葉を広げる５月になると、葉を落し、翌春まで土の中で眠っています。

第3章 里地里山の多様な草木 59

イチリンソウ（左）
イチリンソウの群落（右）

カタクリ（左）
イカリソウ（右）

（いずれも 2012 年 4 月撮影）

　カタクリはヤマの中の木々が葉を広げる前の期間にだけ、地面に当たる光で1年分の栄養を光合成によって得る植物です。カタクリをはじめとした春植物たちも、畦の草原植物たちと同様に氷河時代に落葉広葉樹林の中で分布域を広げていたものです。氷河時代が終わって気候が暖かくなると、西南日本は照葉樹林帯に変わってしまったので、カタクリは1年中暗い常緑樹林の中では生きていけません。5,000 年くらい前に落葉広葉樹林が関東地方から関西地方にかけて平野をまだ覆っていた頃に、縄文人が焼き畑農業を始めました。焼き畑の後に、遷移によってクヌギやコナラの落葉広葉樹林ができたのです。谷戸田で水田を始め、台地上で畑を耕作するようになると、刈敷を使ったり、落ち葉や生草を取って緑肥にしたり、木を伐って薪や炭にするために二次林を維持してきたのです。カタクリは本来、冷涼な気候を好み、常緑広葉樹林や針葉樹林の林床では生育できません。氷河期などの寒い時代に生育していたものが、人間がつくった二次林にすみかえることにより、今も生き続けています。カタクリをはじめスミレやカンアオイなどの種子は、アリの力を借りて次の世代の芽生えを確実にする「アリ撒布種子」と言います。カタクリの種子はアリが喜んで食べる部分がついていて、種がこぼれるとアリが巣へ運びます。アリがカタク

リの種子を運ぶ距離はせいぜい5mほどです。アリの力を借りて地下に潜ったカタクリの種子は、61頁上の図のように芽生えてから花が咲くまでに7〜9年かかります。発芽するのは約1割で、1年目は小さな葉をつけるだけで、徐々に生長し、7〜9年目でやっと花を咲かせ、15年ほど生き続けます。カタクリが落葉広葉樹とともに北へ逃げようとしても、氷河時代が終わった1万年前から現在までの間に5〜6kmぐらいしか北上できない計算になります。「人の手が入らなければ、1年中暗い常緑広葉樹林の中では生き続けることはできなかったでしょう」と農水省農業環境技術研究所の森山弘さんは言っています。

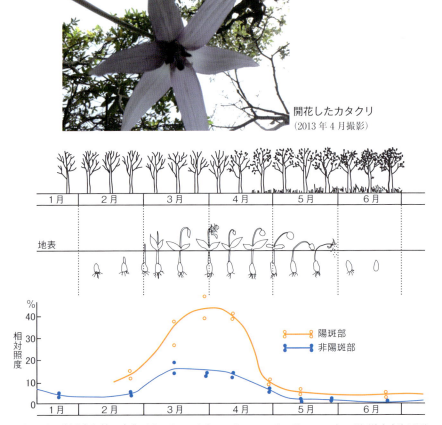

開花したカタクリ
(2013年4月撮影)

カタクリの生活史と林の変化 (埼玉県入間市金子丘陵で、1975年3月〜1975年2月) (鈴木由告原図)

第3章　里地里山の多様な草木　61

カタクリの実生から開花まで：右端に至るまでに約9年（画像提供：群馬県立自然史博物館）

アズマネザサの刈り払い跡で見つけたカントウカンアオイ（1991年3月撮影）

薄暗がりの林床で見つけたウラシマソウ（1991年5月撮影）

　関東地方や東北地方ではカタクリが落葉広葉樹林の中でも北向きの斜面でしか見られないのも、こうした氷河時代のレリック（遺存種）であることを物語っているからなのです。
　カンアオイはウマノスズクサ科のカンアオイ属です。山地の林内に生える常緑の多年草で分布は本州の一部に限られますが、天覧山から多峯主山にかけては、林床の所々で目にすることができます。種子の撒布能力が非常に狭いために、地域によって花の形や葉の模様など変化が多いのが特徴です。飯能市内で見られるものの多くは「カントウカンアオイ」と呼ばれています。早春に飛翔するギフチョウの食草の一つになっています。埼玉県のレッドデータブックで

は絶滅危惧Ⅱ類として掲載されています。

ヤマの木々が葉を広げ終わると林床はたちまち薄暗くなってしまいます。夏でも葉をつけているチゴユリやナルコユリ、タチツボスミレ、マムシグサ、ウラシマソウなどは弱い光を効率よく利用するために、葉を薄く大きく広げます。また、ヤブランやジャノヒゲ、シュンランなどの常緑の植物は、厚くて丈夫な葉を大事に長く使うことで、夏の厳しい光条件に耐えながら、葉を落とした冬の落葉樹林の豊富な直射光を利用しています。

落葉樹林やアカマツ林の林床で早春に花をつけるシュンランは、ラン科で常緑の多年草です。花に紫色の斑点があるので、別名をホクロとかジジババと呼んでいます。近年、生育地の減少や盗掘により数が減少してしまっています。冷温帯性のカタクリに対し、シュンランやチゴユリなどは暖温帯性の植物で、関東地方の雑木林は北と南の植物の接点になっているのです。

薄暗がりの林床に見られるヤブランやジャノヒゲ、マムシグサなどや、低木のガマズミ、ムラサキシキブ、マユミなどは紫や赤などの色鮮やかな実をつけています。これらの植物はヒヨドリやムクドリに実を食べてもらうことで、種子を運んでもらっているのです。種子は固い皮に包まれているので消化されることはなく、鳥の移動先で糞と共に排出されます。これが「鳥散布種子」の仕組みです。

10　つる性のマタタビとサルナシ

マタタビは落葉つる性の木本で、葉はつる状の枝に互生し葉柄があり、形は楕円形で細かいギザギザの鋸歯があります。6月から7月に径2cmほどの梅の花に似

白化したマタタビの葉とマタタビの実
(2016年6月撮影)

た白い花を咲かせるので、別名「夏梅」とも言われています。花をつけるつるの先端部の葉は、野草のハンゲショウ（半夏生）のように花期に白くなり、花粉を運んでくれる昆虫を誘引するサインとなっています。果実は熟すとそのまま食べられますが、苦味が残り、美味しくはありません。生食のほか、塩漬け、みそ漬け、薬用酒（マタタビ酒）などにして利用されます。通常の果実よりもマタタビミヤマバエが寄生した虫こぶになった実の方が、薬効が高いと言われています。ネコ科の動物は、マタタビの根や茎や葉や果実に含まれる精油が、マタタビ特有の臭気に恍惚を感じ、酔っぱらったようになるため、「ネコにマタタビ」という言葉が生まれたのです。

　サルナシはマタタビ科の落葉性つる植物で、「こくわ」または「ベビーキウイ」とも呼ばれています。仲間には、科名になっているマタタビやシナサルナシなどがあります。サルナシの果実は、栄養価が高く、ビタミンCやミネラル類を豊富に含み、古くから疲労回復、強壮、整腸、補血、抗酸化作用などの効能があることが知られていて、山の恵みとして珍重されています。また、シナサルナシをニュージーランドで品種改良したものが、現在ではポピュラーな果物となったキウイフルーツです。

　サルナシとマタタビは日本全国に自生していますが、マタタビは開花期頃から葉の先が白色化するため探し出しやすいのに対し、サルナシは葉柄が赤紫色であることぐらいしか目立つ特徴はありません。マタタビに比べると自生している数が少ないので、注意深く探さないとなかなか見つけ出すことはできません。

　サルナシの果実はキウイフルーツより小ぶりで、表面には毛がないため皮をむくことなく食べることができます。キウイフルーツよりも香りが強く、かすかな酸味と甘みがある食味の良さから「珍果」と評価する人もいます。そして、果実酒やジャムなどの加工品にも利用されています。

サルナシの実（2011年9月撮影）

11　満鮮要素の草原

キキョウ

リンドウ

少し前まで畦にはキキョウやワレモコウなどが見られましたが、これらの植物はその起源をたどっていくと朝鮮半島や中国の東北地方（旧満州）にある「満鮮要素の草原」にたどり着くというのが植物生態学者の田端英雄さんの説です。田圃の畦は一見すると幅が狭いようですが、畦は畦につながり、かなりの面積になる草原となります。満鮮要素の植物は氷河時代に日本列島が、今よりずっと乾燥していた時期に、落葉広葉樹林の中を通じて日本列島に定着してきたのではないかと、田端さんは推定しています。

氷河時代には北アメリカやヨーロッパ北部には大陸を覆う氷河ができて、その分だけ海面が低下しました。現在より130cmぐらい下がったと考えられていて、北海道はサハリン（樺太）とつながり、ユーラシア大陸の半島になってしまったのです。瀬戸内海や東京湾はなくなり、屋久島や種子島、対馬は九州につながり隠岐島も本州につながり、日本列島がかなりふくらんでいました。そして、対馬海峡が閉じ、朝鮮海峡がかろうじて開いているという状況でした。つまり、65頁の図のように日本海は大きな湖のようになっていて、暖流の対馬海流も日本海には入ってこなかったので、日本列島の積雪量も現在の4割ぐらいに減少したと推定されています。日本列島は全体として乾燥し、中国地方から能登半島あたりまでが、現在の中国や朝鮮半島と同じ程度に乾燥していたことになります。

氷河時代の日本の植生を調べてみると、北海道は氷河や高山の裸地とハイマツがあるような草地や木がまばらに生える林になっていたのです。北海道の西

部から東北の北部・本州の中部くらいまで亜寒帯針葉樹林で、関東や北陸から中国地方・瀬戸内までが落葉広葉樹でシデ類やクヌギ・ミズナラ類でした。それより南が照葉樹林帯になっていました。したがって、朝鮮半島を経由して、落葉広葉樹林を介して乾燥気候に適したいろいろな動植物が入ってきたのではないかというのです。

このようにして草原要素が氷河時代に日本にやってきたのですが、それは縄文時代の少し前で日本列島にはもう人が住んでいました。縄文時代になると人が森林に火入れをしたり、焼き畑をして自然の植生を壊し始めたりして、その結果、草原が広がっていきます。そして弥生時代になると人が谷戸田のようなところで水田稲作を始め、それに伴って畦や土手などもできてきます。畦の満鮮要素の草は人に刈られたりするので、ススキやクズなどの生長の早い多年生の植物などに覆われないで、生き長らえることができたのです。

こうした草はキキョウ、オミナエシ、ワレモコウ、リンドウ、シオン、クララ、オキナグサ、ホタルブクロ、シロヤマギク、カワラマツバ、イカリソウ、ソバナ、ゲンノショウコ、ヨモギ類などがあります。朝鮮半島や中国の草原的な植物たちが、日本の畦や土手で新しい生息域を見つけたのです。

ところが、畦が採草地として使われなくなると除草剤で駆除され始めました。さらに畦をコンクリートにして、除草や畦塗りの手間を省くところが多くなってきました。谷戸田が休耕田となると、畦の草刈りも行われなくなり、畦

最終氷期の日本列島の姿（出典：『埼玉県立自然史博物館総合案内』37頁）

日本の里地里山で普通に見ることができたオミナエシやワレモコウなどが咲く満鮮要素の草原：人が刈り払うことによって維持されてきた（2013年9月撮影）

はクズやススキに瞬く間に覆われてしまいます。このような畦は非常に暗く湿度も高い状態になり、満鮮要素の大半の植物は生き残ることができなくなってしまいます。かつて里山には、草地性の植物を食草とする蝶がいました。クララという草を食べるオオルリシジミや、スミレを食草とするオオウラギンヒョウモンなどが、そういった蝶です。畦の満鮮要素の草地が姿を消すにつれて、こうした蝶たちも絶滅が危惧されています。

　つまり、キキョウやリンドウをはじめとする満鮮要素の植物は草刈りが必須であり、田畑さんが言うように「草刈りによって栽培されてきた」と言っても過言ではないほどで、里地里山地域の農作業や農村生活に依存してきた種なのです。里地里山の動植物の保全は自然の成り行きに任せていてはできません。長い歴史の中で、農作業やイネとの共存に適応したさまざまな種は、こうした人為的環境下でしか生き長らえないことを理解すべきなのです。

　畦には野草だけでなく、しばしば大豆も植えられていました。これを「畦豆（あぜまめ）」と呼んでいます。除草剤を使ったり、耕作放棄が進んだりして、畦豆も近年見られなくなり、知っている人も少なくなってしまいました。畦豆を植えることにはいくつかの効果があります。第一の効果は生態的効果です。マメ科の植物は空中窒素を固定するという不思議な力をもっている根粒バクテリアを根に共生させていることです。大気の約80％を占める窒素を吸収・固定する根粒バクテリアから窒素肥料の一部を譲り受けるのです。田を囲む畦にぐるりと大豆を植えておけば、イネにもわずかといえども窒素肥料分が供給できるのです。

田圃の畦に植えられた畦豆（大豆）
（2001年7月撮影）

畦豆の二番目の効用は豆を植えておくことで生態系の中の多様性が保たれるということです。おいしい枝豆として食べる畦豆を植えているのであれば、除草剤は使えないし、コンクリートで塗り固められることもないので、他の植物も生えてくることができます。畦豆の第三の効用は、マメの育ち具合を見たり収穫したりと農民が頻繁に田圃に足を運んだことではないでしょうか。その際に畦が崩れてないか、田の水の過不足があるか、田の水温が上がり過ぎていないか、雑草が出ていないか、イネに病虫害が発生していないかなどもたちどころにわかり、対処も早くできます。イネが良く育つかどうかは、なによりも「頻繁な農民の足音」が必要なのです。

　畦豆と共に最近すっかり畦で見られなくなったのは、9月頃になるとかがり火を灯したように咲くヒガンバナ（彼岸花）です。飯能市内では成木川にかかる清川橋周辺にヒガンバナの群生地が見られますが、34頁の写真のように飯能市の隣の日高市の巾着田周辺は、500万本ものヒガンバナがニセアカシアの林床に咲き誇り、多くの観光客を集めていることでも知られています。

　ヒガンバナは曼珠沙華とも呼ばれていますが、これは梵語の「赤い花」の意からきているそうです。ヒガンバナは多年草で、毎年同じ場所で花が咲き、葉を出す草です。ヒガンバナは5月には葉が枯れて、9月初旬までは球根（鱗茎）

田圃の畦に植えられたヒガンバナ
（2016年9月撮影）

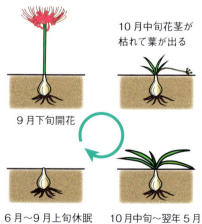

ヒガンバナの1年の生活暦

の姿で休眠します。9月中旬になると地下の球根から花茎が伸びて、長さ30〜50cmほどに直立する花茎の上端に6輪前後の真っ赤な花が放射状に開きます。日本のヒガンバナは種子ができない三倍体のものしか見られないので、球根を分球させて個体数を増やす方法で種を維持し子孫を残しています。開花が終わると花茎は枯れ、10月中旬頃に球根から葉が直接出てきます。冬から春にかけて地表面に張り付くように繁茂します。水田の畦や河川の法面や、屋敷地周りの枯れ草の中で、ヒガンバナの葉だけが、深緑の葉を繁茂させている姿は見事で、他の植物と異なる独特の生活暦を持っています。

　ヒガンバナは中国南部が原産で、日本には水稲と共に中国から渡来したものではないかと考えられています。球根に毒性の強いリコリンと呼ぶ物質が含まれているので、そのままでは食べられませんが、球根は簡単に掘り採れるので、すり下ろして何回も水で晒せば、毒が抜けて良質の澱粉が得られます。つまり、米がとれない飢饉の時などの、「救荒食」として畦に植えられてきたのです。第2次世界大戦後の食糧難の時にも、ヒガンバナの球根のお世話になった人も少なくなかったそうです。また、ヒガンバナの球根をすりつぶしたものは、漢方では石蒜といって、はれ物、打ち身、むくみなどの貼り薬として用いられています。

　日本に持ち込まれた頃のヒガンバナはすでに食料や薬用になる半栽培植物で、人々はおそらく春の食料の端境期頃に球根を掘り出して、水晒し法でリコリンなどの有毒物質を取り除き澱粉を食べていました。その後、食料事情がよくなって、人間がヒガンバナを意図的に管理しなくなると、球根でしか増えないために半栽培されていた人里に自生する野草になってしまったのです。そしてヒガンバナは有毒植物であることだけが子孫に語り継がれてきたのでしょう。さらにヒガンバナの67頁の図のような不思議な生活暦と、仏教の宇宙観を人々が短絡的に受容したことが加わって、遅くても近世初頭頃までには触ってはならない不吉な花にされてしまい現在に至っています。

　初めから花を観賞する植物として渡来していれば、日本人のヒガンバナに対する印象はずいぶん違ったものになっていたものと思われますが、一時期は食料として用いられていたために嫌われる花になってしまったのでしょう。植物分類学上では近縁のスイセンが、同じように球根に毒を持つにもかかわらず、初めから花として持ち込まれたために人々から愛されているのと比べると、ヒ

飯能市内のヒガンバナの最大の群落 （成木川清川橋周辺　2009年9月撮影）

ガンバナは気の毒な植物です。しかし9月中旬頃に水田の畦や屋敷地まわりの草刈をすることによって、秋から春先に地表面に張り付くように葉を伸ばして光合成をするヒガンバナが太陽光を受けやすい環境を毎年つくってきたのです。その意味では、ヒガンバナは今でも人間の営みの下で、種を維持している植物です。ヒガンバナと日本人は助け合う共生関係を長い間保ってきたのです。

12　水路の管理

　台地や丘陵の縁から絞りでるように出てきた根垂水（ねだれ）と天水の降雨に頼って、谷戸田では米が作られています。林に囲まれた丘陵の斜面から湧き出る根垂水は、1年中同じくらいの水温で、冬は暖かく感じますが、イネを作るには冷た過ぎます。そのため、農民は根垂水を直接水田に入れないように田圃の周りに溝を掘り、湧き出した水がその水路を一回りして温まってから水口から入れるようにしています。この溝も動植物の宝庫になっています。メダカ、ドジョウ、ニホンアカガエル、イモリなどが棲んでいます。ヤマカガシやアオダイショウ

などのヘビやトビも餌を求めてやってきます。水の中にはクロモ、スブタ、ミズオオバコなどの水草が生え、土手の近辺にはミソハギ、アギナシ、ワレモコウ、タコノアシ、サクラタデなどが生えます。山菜となるゼンマイやギボウシ、ツリガネニンジン、クサボケ、アケビなどの生育地になります。

　水田稲作にとって大事な用水を確保するために、土に溝を掘ってつくられた泥の用水路は、毎年、田圃に水を入れる前に整備されます。湧き水から常に流れてくる水はかなりの土を削り、運び、水路の底に堆積させます。田に水を張る前にこの土をさらい、水が流れやすくしてやります。水路の途中に土が崩落しているところがあれば、笹や、木の小枝の粗朶を使って土崩れが起きないように補修しなければなりません。

　泥のままの水路は水草やセリなどの水生植物が根を下ろすことができます。こうした植物が生えているところは水の流れが緩やかになり、魚やザリガニの隠れ場所や小魚の産卵場所になったりします。田圃と田圃をくまなく通る水路は水生植物にとっては重要な生活の場であったり、水生昆虫や魚やカエルは水路を移動し安全な場所を探して生活したりするための重要な回廊なのです。

　雨の少ない丘陵では、根垂水と田圃を水路によって結びつけるだけでなく、多くのため池があります。ため池の集水域には水源を守るための木が育てられ、ため池にはヒシやジュンサイをはじめとした水草が生育しています。ため池で繁殖したコイやフナは、農民の貴重なタンパク源となったのです。土手には水神様の祠がまつられ、村の人々が共同出役をして、ため池を管理してきました。

　コブナグサは田の畦や野原に多い雑草ですが、八丈島ではカリヤス（刈安）と呼び、黄八丈の黄染めに使う材料として利用されてきました。天覧山の谷戸の天覧入りでも見られます。葉の形が小鮒に似ていることからコブナグサと呼

ツリガネニンジン　　　サクラタデ　　　コブナグサ

ばれています。花期は秋になります。また、飯能大島紬は照葉樹のタブノキの樹皮から黒色を、同じく照葉樹のスダジイの樹皮から赤みを帯びた黄色の樺色を用い染めています。身近な植物から、さまざまな色彩が生まれます。

コラム3　里地里山の危ない植物

　植物にも有毒なものがあり、かぶれやすいツタウルシやヤマウルシ、トウダイグサの仲間、蟻酸(ぎさん)を含むトゲに覆われたイラクサなどには安易にさわるのは禁物です。また前で述べましたが、キノコや野草などを採取して食べるような場合、毒キノコを食べたり、ノビルやニラと間違えてタマスダレの葉を食べたりすると吐き気などをもよおし、あたってしまうことがあります。ノビルやニラは葉を切ると特有な匂いがしますが、タマスダレは匂わないので、区別がつきます。キノコや野草をむやみに採取して食べないことが肝心です。特にキノコは、専門家による食べても安全かどうかの同定が必要です。里地里山でこれらの植物から身を守る基本は、長袖に長ズボン、帽子を着用し、肌を露出しないことが肝要です。もしも、キノコや野草を食べて体調が悪くなったらすぐに医師の診断を受けることが大切です。その際にはキノコや野草を食べたことを医師に告げ、食べ残りがあれば持っていくと原因を探る手掛かりになります。食用と確実に判断できない野草やキノコは絶対に採らない、食べない、売らない、人にあげないことが原則です。

ヤマウルシ

ツタウルシ

タマスダレ

第4章　飯能の生きものに注目

　自然の仕組みは自然生態系と呼ばれ、「水」「空気」「土・地下資源」「太陽光・地熱」「野生の生きもの」の5つの要素が複雑に絡み合って生み出される物質の循環とエネルギーの流れから成り立っています。この5つの要素のうち「野生の生きもの」は、他の4つの要素が正常に機能しなくては生きていくことができません。「野生の生きものがいるかどうか」「どのような状態なのか」を知ることは、自然生態系全体が健全かどうかを示す「ものさし」と言えます。自然生態系は私たち人類の生存には欠くことができないものですが、現在、人間のさまざまな活動の影響で危機的な状況にさらされていることにも注意を払わなければなりません。

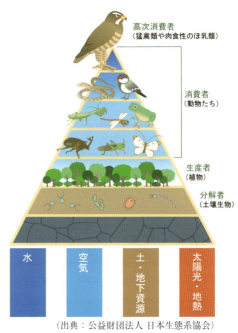
（出典：公益財団法人 日本生態系協会）
自然生態系

1　飯能の川魚たち

　飯能の川に棲む魚たちの多くは、真水の淡水域で生息しているので淡水魚と呼ばれています。私たちが川魚にもっているイメージは、その棲んでいる場所と深く関わっています。飯能の代表的な川魚を見てみましょう。

イワナやヤマメの宝庫の入間川上流部：多くの釣り人と出会いますが自然と対話しながら、釣りを楽しむことが大切です（造形作家加納和典・写真家小林伸幸による　2007年4月撮影）

■ 上流域の魚たち

　入間川上流域の名栗のように比較的水温が低く、水のきれいな上流部にはイワナやヤマメなどが生息しています。イワナとヤマメが同じ川にいる場合は、イワナのほうが上流域にいます。イワナは日本の淡水魚の中ではもっとも海抜高度の高いところにすむ魚です。昆虫や魚、時にはヘビなども食べます。普通、体長は40cmぐらいですが、時には1mに達するような大物もいます。体には白や黄色やだいだい色の斑点をもつものが多いのですが、斑点がないものもいれば、斑点の色も地域によってまちまちです。イワナは「岩魚」と漢字で書かれるように見た目もごつごつして、性格も荒々しくどう猛です。

　ヤマメは「山女魚」と書くように、優美でしかも機敏な魚です。川で一生を過ごすものと海へ下って成長するものがいます。海へ下るものはサクラマスと呼ばれ、体長が60cmほどになります。ヤマメは体長30cmぐらいのものが普通です。

■ 中流域の魚たち

　流れの速い瀬と緩やかな淵が繰り返し現れる中流域には、アユ（鮎）、オイカワ、シマドジョウ、カジカ、ボウズハゼなどいろいろな魚が見られます。その中でもアユは中流域を代表する魚なので、上流域の飯能市では見られません。アユは回遊魚の一種で、産卵は中流と下流の境目の浅瀬の小石の底で行われます。産卵のために、川を下るアユを「落ちアユ」と呼んでいます。孵化した稚魚はすぐに海や湖に下ります。5～8cmになると川を遡って中流域で落ち着きます。アユは川底の石の面に生えるケイソウ（珪藻）という藻を、石に頭突きをするようにしながら歯でこすり取って食べて、急速に成長し，その年の内に成熟して産卵します。産卵が終わった親魚は死んでしまいます。そのため、ほとんどが1年の寿命なので、「年魚」と言われています。アユはケイソウの縄張りをつくることでも知られています。自分の縄張りの中へ、他のアユが入ってくると体当たりをして追い払おうとする習性があります。この習性を利用してかけ針をつけたおとりのアユを用意して泳がせ、体当たりをしてきたアユをかけ針に引っ掛けて釣り上げる漁法が知られています。これは「友釣り」というエサを使わない日本独特の漁法の一つです。入間川といわず日本の川には、いたる所にダムや堰ができています。そのため、回遊魚の天然アユが遡上できる川は減ってしまいました。また、アユは土砂で濁った流れを極端に嫌う魚で

す。土砂が川底に堆積すると石についたケイソウが食べにくくなるためです。橋や護岸、川のわきの道路の拡張工事、森林の伐採などにより土砂が大量に川に流れ込んだり、生活排水の流入などによって汚染されたりして、全国のアユの漁獲量は稚魚の放流の割にはかなり減っています。

■ 外来魚、ブラックバスとブルーギル

　オオクチバスとそれより口の小さいコクチバスとともに、その他のオオクチバス属の魚も含めて通称「ブラックバス」と呼んでいます。北米原産のオオクチバスは1925年に、箱根の芦ノ湖に放流したのが最初とされています。これは食用、釣り対象魚として養殖の容易な魚であることから、政府の許可の下に行われた試みでした。その後、オオクチバスは、コクチバスとともにルアーフィッシングの対象として、各地の湖沼や河川に放流されています。その多くは密放流とみられています。この魚は生きた魚をエサにしています。オオクチバスの成魚の体長は最も小型の種でも約40cm、最も大型になると80cm以上のものも記録されています。体型は側偏した紡錘形、背びれが第1、第2に分かれて発達し、第1背びれよりも第2背びれの方が大きくなっています。オオクチバスという名前の由来にもなっているように、他の魚類や水生小型動物を捕食するのに適した大きな口と顎を持ち、唇の内側にはのこぎり状の細かく鋭い歯が並んでいます。また、ブルーギルもよくため池に放流されますが、この魚は雑食性で、カニやエビなどの甲殻類や他の魚の稚魚や卵などなんでも食べることで知られています。

　ゲーム感覚の釣りのために、湖沼やため池にむやみに魚を放流することは、その土地本来の生態系を乱すことにもつながり、小さい池やため池では、在来生物の絶滅につながる恐れがあります。飯能市の最奥地の名栗湖をはじめ、入間川などでも、年々、こうしたいわばエイリアンの侵入が拡大しています。日本ではオオクチバスとコクチバスは、特定外来生物に指定されるとともに、「日本の侵略的外来種ワースト100」にもなっています。

2　早春の谷戸の生きものたち

　多峯主山や天覧山の麓の山あいの谷から染み出る湧き水が、湿地帯をつくり出し、そこからあふれる沢水が幾筋もの小川となって流れ出しています。この水を利用して谷戸田がつくられてきました。谷戸田とその周りの斜面林や湿

第4章 飯能の生きものに注目　77

カヌーで名栗湖に繰り出し刺し網で捕獲し、燻製にしていただく名栗カヌー工房ブラックバス駆除エコツアー（2008年9月撮影）

地や小川の水辺には、草花などの植物が生い茂り、そこをトンボやバッタやチョウ類などの多くの生きものたちが棲みかにしています。日本の田圃（たんぼ）とそこで育まれた生きものを守る活動をしている NPO 法人オリザネットの古谷愛子さんたちが埼玉県越谷市付近で調べた結果、田圃とその周りには 5,668 種の動植物たちがいることがわかりました。事務局長の古谷さんは、2010 年に名古屋で開かれた生物多様性条約締約国会議いわゆる COP10 が開かれたときに、世界の人々に日本の水田のもつ豊かな生物多様性とそれを守っていくことをアピールする見事なポスターをつくりました（80 頁のポスター参照）。

　春が来て田圃で耕起、代掻き、施肥といった作業が進んで田植が行われる頃、田の水の栄養塩類濃度が極度に高まり、植物プランクトンが異常繁殖します。すると、それを食べる動物プランクトンも異常繁殖します。プランクトンがいる間は小魚や若い水生昆虫が豊富な餌を食べて育っていきます。4～5月頃に田圃で起きるこの現象を「スプリングブルーム」と言います。田圃の中の栄養塩類が消費尽くされるとプランクトンは急激に減少し、6～7月頃にはスプリングブルームは収束します。その後は、イネの上で生活するウンカ、ヨコバイ、クモなど昆虫や小動物が水面に落下して、水生動物たちの重要な餌になります。

　まだ春浅い時期に谷戸田の中を目を凝らして覗いてみると、アキアカネの小さなヤゴが動き回っている姿に気づきます。赤トンボとしてなじみ深いアキアカネは、夏は高い山で過ごしていますが、秋になると平地に降りてきて、稲刈りの終わった後でも水が残っている湿田の谷戸田に産卵します。谷戸田に産み落とされた卵は、来年、幼虫のヤゴになります。アキアカネの卵は10℃以上になると孵化してしまうそうです。卵は凍った水の中で越冬できますが、ヤゴは水が凍ると死んでしまうので、卵が孵化する心配がなくなる秋も深まった頃、山地から下りて産卵を始めます。アキアカネは氷河時代に、大陸から日本に渡ってきたものなのです。アキアカネでも高山にすむものは、夏になって孵化し、すぐに産卵します。氷河時代に渡ってきた頃はそうした生活をしていたのですが、その後地球が温暖になってくると、それに適

天覧入り谷戸の湿地（2009 年 9 月撮影）

応するために山地と人里とを往復する生活が始まったものと考えられています。

アキアカネの卵が孵化する春先、やはり氷河時代に渡ってきたニホンアカガエル、ヤマアカガエル、トウキョウダルマガエル、サンショウウオ類などの両生類も湿田で産卵をします。こうした両生類の卵は水温が高すぎると死んでしまいます。最近では生産力が高くなるように乾田化が進められてきたため、ニホンアカガエルやトウキョウサンショウウオなどの産卵場所が少なくなっています。春先に田圃が出産ラッシュになるのは、水の張られた田圃は適度な温度で、プランクトンが豊富なこと、急な流れがないこと、それに外敵が少ないためだと考えられています。カエルは昔の田植時期であった6月までに、オタマジャクシの時代を終えます。オタマジャクシからカエルになって畔にはい上がり、畔にいるコオロギの幼虫が手頃な餌になります。そして夏には、涼しく湿った木々の中で暮らしています。生きものもまた、谷戸の農作業やイネとの共存に適応しながら、谷戸の人為生態系の中で生活のリズムを刻んでいたのです。

トウキョウダルマガエル
（2012年11月撮影）

田圃を潤した水は水路に落ち、やがて下流の川に流れ込む。田圃の水は下流の大きな川ともつながっています。5月になって田圃に水を張ると、田圃で温められた水が水路を伝って大きな川に流れ込みます。すると大きな川からコイやフナやナマズが水路や田圃の中に入ってきて産卵します。産卵を終えた親魚はすぐに大きな川に戻りますが、生まれた稚魚は流れに逆らって泳げるくらいになるまで田圃をゆりかごのようにして暮らしています。たくさんのカエルやドジョウがいるので、それを餌とするヤマカガシをはじめとした蛇や、サギ、モズ、サシバなどの鳥類も谷戸では多く見られます。

ため池にすんでいるゲンゴロウ、タイコウチ、ミズカマキリなどは、田植が終わった田圃に飛んできて畔などに産卵をします。その飛行距離は1〜1.5kmにもなります。孵化した幼虫は、浅くて暖かい田圃の水の中で、魚の子供やオタマジャクシなど豊富にある餌を食べて発育していきます。田圃で成長した幼虫は8月頃に成虫になると、ため池に飛んで帰り、そこで生活し、冬を越します。8月頃に乾田の田圃の水を落水して、「中干し」という作業を行いますが、

まるでゲンゴロウは乾田に水がなくなってしまうこの作業を心得ているかのようなタイミングでいなくなります。

3　メダカとタガメ

　私たちにとって最も身近であったメダカは、いまや絶滅危惧種になってしまいました。メダカの学名の属名 *Oryzias* は、イネの学名 *Oryza* に由来することからも水田とのつながりが伺われます。産卵期は4月中旬から8月末にわたり、産卵期の終わり頃にはその年の5〜6月に生まれた個体の一部が成熟し、産卵に加わります。大半の個体は未成熟のまま越冬し、翌春には成熟して産卵し、死んでいきます。ただし飼育下ではメダカの寿命は5年くらいといわれています。メダカが水田や水路のような変動の大きな環境で生活できた要因の一つに、成熟までの期間の短さが考えられます。現在、メダカは農薬の使用と耕地整理や耕作放棄になり乾燥化が進んだ田圃が増えたため、全国的に減少し、環境庁の絶滅危惧種に挙げられています。その一方で観賞用のヒメダカや、他地域のメダカを放流している地域もあるようですが、日本のメダカは北陸以北の日本海側に分布する「北日本集団」と、それ以外の「南日本集団」に大別されるなど、地域によってもっている遺伝子が異なり、他地域の固体の放流は厳に慎むべきです。

　タガメは冬の間干上がった水田のワラの下などでひっそりと春の訪れを待っています。サクラが散り、田植えの季節になるとタガメの活動シーズンの到来になります。体長50〜65 mmで大きくて迫力のあるタガメの雄姿を見ると、タガメはまさに日本の水生昆虫の代表格であると同時に、かつての里山の象徴でした。前の頁のポスターにも中央にタガメが鎮座しています。しかし、飯能市域では、その姿は今や昆虫図鑑の中の象徴になってしまい、実物を見たとしてもおそらく水族館やペットショップの水槽の中かもしれません。今やメダカと同様に絶滅危惧種になってしまいました。

　タガメは、どう猛な肉食性の昆虫で、強力な前足は捕らえた獲物を逃がさないように発達したものです。この時期、同じように水田を利用するカエルやドジョウはタガメにとって恰好の獲物になります。鎌状の前脚で捕獲し、針状の口から消化液を流し込み、溶け出した肉を吸い取るようにして食べてしまいます。特にメスは産卵に備えて、盛んに摂食します。広い水田環境の中で、成熟

したオスとメスはお互いのフェロモンを頼りに、出会うと考えられています。近年の研究で、タガメの行動についていくつかの興味深い報告があります。例えば池から池へ数kmも飛んで移動する事実や、水辺環境から離れた森林の中で越冬していたというような驚くべき記録などです。それらは広大な里山環境の存在が、タガメが生存し続けていく条件であることを示しています。

　タガメなど多くの水生昆虫は本来、天覧山・多峯主山周辺などの里山を生活しやすい環境として利用し、繁殖してきた昆虫なのです。というのも人間が稲作を始める約2000年も前には自然の状態でできた池や沼などの湿地が生息環境だったと考えられますが、水田やため池など安定した水辺環境を人間がつくり出したことにより、生息環境は拡大したものと思われます。しかし、水田での農薬の利用や、水路がコンクリートのU字溝に変わるなどの水生生物の生息空間が狭められるなど里山環境を変化させる波がじわじわと押し寄せています。現在、タガメは天覧山・多峯主山周辺をはじめ飯能の山間地でひっそりと暮らしているのかもしれません。

　谷戸田を囲む自然は、水田稲作の始まった弥生時代から引き継がれてきました。何千年という時代をかけて住み着いたこうした多様な生物は、田圃に水を張る時期や田植、中干し、畦の草刈りなどの農事暦を知り尽くし、まるでそれに合わせて繁殖をしてきたかのようです。そして、普通は谷戸ほどの小さな面積では、これほど多様な要素を持つ環境をつくり出すことはできません。

　ニホンノウサギは林の中を住みかとしていますが、餌場は田圃の畦やため池の土手や台地上の畑などです。ニホンイシガメも里山地域の複数の異なった自然環境を行き来しながら生きています。このように里山の生物には、二つ以上の違った環境がなければ繁殖できない種が多くみられます。生物に限らず農業にしても田圃・畦・水路・ため池・森林はそれぞれの役割があり、一つ欠けても成り立たないのです。本来、多くの生き物たちが行き来をしている谷戸田を囲む環境は、セットとして考えなければなりません。

4　幻想的な発光のゲンジボタルとヘイケボタル

　日本に生息するホタルは、現在、54種類が知られています。そのほとんどは南西諸島に分布していて、本州・四国・九州で見られるのはおおむね9種だそうです。そのうち、飯能周辺で見られるホタルはゲンジボタルとヘイケボタ

ルです。日本でホタルといえばこの2種類を指すことが多く、もっとも親しまれているホタルです。ゲンジボタルはヘイケボタルと比べるとやや大きめです。またゲンジボタルは流れのある清流を好み、ヘイケボタルは田圃などの止水域でも生活することができます。幻想的なホタルの発光はエコツアーの格好の対象となり、多くの人がその光を求めて集まります。ホタルは発光によってコミュニケーションを取っているので、懐中電灯を照らしてその姿を見ようとしたり、写真に収めようとしたりしてフラッシュを焚いたりすることは絶対にやめましょう。懐中電灯を照らすとホタルは光るのを止めてしまいます。ホタルは発光のみによってコミュニケーションを図っている昆虫なので、暗闇があって初めて繁殖ができるのです。また、ホタルの幻想的な発光のみに目を奪われるのではなくホタルの生態や生息する里地里山の生態系をよく理解することが大切です。里地里山という豊かな生態系の保全こそが、ホタルの幻想的な光を守っていることを忘れてはなりません。

ゲンジボタル（源氏蛍）の成虫のオスの体長は15 mm前後で、日本産ホタル類の中では大型の種類です。複眼が丸くて大きく、体色は黒色ですが、前胸部の左右がピンク色で、背の中央に

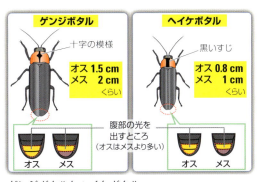

ゲンジボタルとヘイケボタル

ゲンジボタルの発光（2010年6月撮影）

ゲンジボタル（2010年6月撮影）

十字架形の黒い模様があり、学名の cruciata はここに由来しています。また、尾には淡い黄緑色の発光器官があります。オスとメスを比較すると、メスのほうが体は大きくて、オスは第6腹節と第7腹節が発光しますが、メスは第6腹節だけが発光します。成虫は夜に活動しますが、発光によって他の個体と通信をはかり、出会ったオスとメスは交尾を行います。交尾を終えたメスは川岸の木や石に生えたコケの中に産卵をします。卵は始め黄白色ですが、やがて黒ずんできます。卵の中で発生が進むと、卵の中で幼虫が発光を始めます。夏になると幼虫が孵化します。

　幼虫は灰褐色のイモムシのような外見で、親とは似ても似つきませんが、すでに尾部に発光器官を備えています。幼虫はすぐに川の中へ入り、清流の流れのゆるい所でカワニナを捕食しながら成長します。カワニナを発見すると軟体部にかみつき、消化液を分泌して肉を溶かしながら食べてしまいます。秋、冬を経て翌年の春になる頃には、幼虫は体長2～3cmほどに成長し、成虫よりも大きくなります。

　春になって十分に成長した幼虫は、雨の日の夜に川岸に上陸します。川岸のやわらかい土にもぐりこみ、周囲の泥を固めて繭をつくり、その中で蛹になります。蛹は始め黄白色ですが、やがて皮膚越しに成虫の黒い体が浮かび上がるようになり、発光も始めます。

　成虫は5月から6月にかけて発生し、夜に活動して昼は深い草陰で休んでいます。成虫になると水分を摂取するのみで、活動や産卵は幼虫時代に摂った栄養分で行うという省エネ体質です。成虫の期間は2～3週間ほどしかありません。

　夜に川辺で発光するゲンジボタルは初夏の風物詩として人気が高く、各地に「蛍の名所」と言われる場所がありますが、現在では生息域が急速に狭まっています。もちろん川の汚染により幼虫やカワニナが生存できなくなっていることが主な要因の一つです。他にも川岸を護岸で覆ってしまうと幼虫が蛹になれないし、成虫が活動する夜に車のライトや外灯を点灯させるとホタルの活動の妨げとなります。そのため、都会でホタルを放して楽しんだり、地方でもホタルの人工飼育を行い、発生の少なくなった名所に放したりというようなことが行われてきました。そのため、人工飼育の技術は現在ではかなり確立されたものになっています。

　現在では、自然保護思想の普及もあって、河川の浄化や自然の回復を目指す

中で、ゲンジボタルの保護や定着の試みが日本各地で行われています。しかし、前述のように、水質の浄化だけではなく、親が産卵し、幼虫が蛹化のために上陸する岸辺、休息するための河川周辺の環境までの整備も不可欠です。また、餌となるカワニナはもちろん、各成長段階に対応した環境が必要です。しかし、ホタルは成虫の期間が短く、その生活範囲も狭いので、水中と岸辺までの整備ができれば、ホタルの定着はそれほど困難ではありません。むしろ、ホタルが定着したことで河川を含む環境が良くなったと考えるのは、必ずしも十分ではありません。また、遺伝的形質の違いからゲンジボタルは「東日本型」と「西日本型」に分けられ、発光パターンが異なることが

市内のゲンジボタルの保護活動
（2009年11月撮影）

獨協大学で飼育しているヘイケボタル
（2015年6月撮影）

知られています。したがって、ホタルをシンボルとした保護活動と称して、別の地域で飼育したホタルを放虫する事例が各地で増えていますが、こうしたことは在来個体群の遺伝的純粋を汚染してしまうため、控えなければなりません。

　ヘイケボタル（平家蛍）は、日本ではゲンジボタルと並んで、身近な光るホタルですが、ゲンジボタルより小型で、より汚れた水域にも生息することができます。また、ゲンジボタルとともに幼虫が水中で棲息するホタルで、日本産水生ホタルの中では最も小型です。名称は、ゲンジボタルとの対比で、より小型であることから名づけられたのでしょう。ゲンジボタルが渓流のような清冽で、流れの速い水域に生息するのに比べると、ヘイケボタルは水田、湿原といった止水域を主たる繁殖地としています。幼虫の餌になるのは、流れのない止水に生息するモノアラガイなどです。

オスの光の点滅の速さはゲンジボタルより速く、明滅時に星が瞬くような光り方をします。発生期間も長く、2種が同じ水域で発生することもあります。山間部の農村では、水田周辺にヘイケボタルが、河川付近にゲンジボタルが発生し、実際には両者が一部で入り交じって発光しています。ただし、ゲンジボタルのように、短い期間に集中的に発生することが少なく、発生は長期にわたりますが密度は高くならないのが普通です。

　ゲンジボタルが各地で保護活動の対象とされるのに対して、ヘイケボタルの保護をうたう活動はほとんどありません。かつては水田周辺ではどこでも簡単に見られたものですが、近年は水田への農薬散布や水田周辺の都市化などの環境変化に伴って、ヘイケボタルの生息環境が狭められています。

5　モリアオガエル

　体長はオスが4〜7cm、メスが6〜8cmほどで、メスの方がやや大きめです。指先には丸い吸盤があり、木の上での生活に適応しています。背中側の地色は緑ですが、地方によっては全身に褐色のまだら模様が出るものも見られます。また、体の表面にはつやがなく、目の虹彩が赤褐色なのも特徴です。モリアオガエルは日本特産で、5〜7月頃、水の上に張り出している枝の上で一斉に交尾し、足で唾液を泡立て、直径10cmほどの泡の中に卵を産む。泡状の卵塊のおかげで、卵がかえるまで湿度を保つことができ、オタマジャクシになってから水に落ちます。

　非繁殖期は主に森林内で生息しますが、繁殖期の4月から7月にかけては生

（左）モリアオガエル、（右）水辺に産み落とされたモリアオガエルの泡状の卵塊
（左右ともに2005年6月撮影）

息地付近の湖沼など水のあるところに集まってきます。成体は他のカエルと同様に肉食性で、昆虫類やクモ類などを捕食します。一方、天敵はヤマカガシ、イタチ、タヌキなどです。

　モリアオガエルの生活史の特性は、特に産卵生態によって特徴づけられます。カエルは水中に産卵するものがほとんどですが、モリアオガエルは水面上にせり出した木の枝などに、粘液を泡立ててつくる泡で包まれた卵塊を産みつけます。泡の塊の中に産卵する習性は多くのアオガエル科のカエルに共通していますが、モリアオガエルは産卵場所が目立つ樹上であること、日本本土産のアオガエル科のカエルでは他に泡状の卵塊を形成する種が地中産卵性で小型のシュレーゲルアオガエルしかいないこともあって特に目立った存在となっています。

　繁殖期になると、まずオスが産卵場所に集まり、鳴きながらメスを待ちます。メスが産卵場所にやってくるとオスが背中にしがみつき、産卵行動が始まりますが、卵塊の形成が進むに連れて1匹のメスに数匹のオスが群がる場合が多いようです。産卵・受精が行われると同時に粘液が分泌されますが、この粘液を集まったオスとメスが足でかき回し、受精卵を含んだ白い泡の塊をつくります。直径10〜15cmほどの泡の塊の中には、黄白色の卵が300〜800個ほど産みつけられます。泡の中では、複数のオスの精子がメスの産んだ未受精卵をめぐって激しい競争を繰り広げると考えられていて、モリアオガエルの精巣の大きさが際立って大きいことが原因であると推測されています。やがて泡は表面が乾燥して紙のようなシートとなって、黄白色の卵塊となり、孵化するまで卵を守る役割を果たします。

　1〜2週間ほど経つと卵が孵化します。孵化したオタマジャクシは泡の塊の中で雨を待ち、雨で溶け崩れる泡の塊とともに下の水面へ次々と落下していきます。孵化したばかりのオタマジャクシは、腹部に卵黄を抱えているため腹が黄色をしていますが、やがて卵黄が吸収され、全身が灰褐色に変わります。オタマジャクシは、藻類や動物の死骸などを小さな歯で削りとって食べます。オタマジャクシは1か月ほどかけて成長しますが、この間の天敵はヤゴ、ゲンゴロウ、タイコウチ、アカハライモリなどです。イモリは、幼生が泡巣から落下する時に、その真下で待ちかまえていて、落ちてくる幼生をぱくぱく食べてしまいます。前後の足が生えてカエルの姿になった幼体は上陸し、しばらくは水辺で生活しますが、やがて森林で生活を始めます。

6　天覧山周辺の鳥類

■ 天覧山・多峯主山での探鳥

　探鳥は、活動する季節や場所などを的確に知ることが大切です。天覧山や多峯主山付近でどんな場所でどんな野鳥を目にすることができるのかが一目でわかるのは、2001年に出された『天覧山・多峯主山自然環境調査報告書』の中に掲載されている駿河台大学名誉教授の内田康夫さんが作成した図です。どんな野鳥がどんな環境で生活しているかが一目でわかります。空の高いところを飛んでいるのか、スギやヒノキの植林をしたような山林にいるのか、疎らなやぶの中にいるのか、人家の近くや沢筋にいるのかがすぐにわかる優れものです。

　野鳥の声が活気づくのは、桜の花が咲く4月上旬から新緑に染まる5月中旬頃です。春告げ鳥として知られるウグイスは飯能市の鳥に指定されていて、天覧山や多峯主山周辺で「ホーホケキョ」とさえずる美声が聞こえてきます。ちょうどその頃、生まれ故郷を目指して夏鳥たちが次々とやってきます。大空を舞うアマツバメ、ツバメ、イワツバメは天覧山の展望台で見られます。サンコウチョウ、キビタキなどは北側の明るい雑木林の中で、ヤブサメ、オオルリは薄

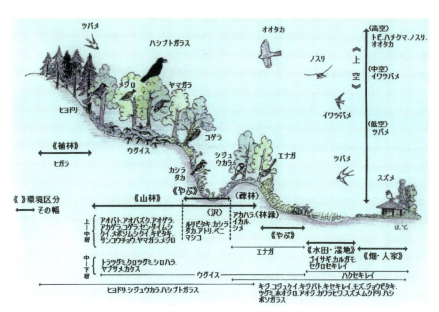

天覧山・多峯主山山系における鳥類の環境選択 （内田康夫氏作成）

暗い中段広場北側のスギ、ヒノキ林が探鳥のポイントです。そのほか松林ではクロツグミやサシバの姿が楽しめます。

　毎日シトシトと雨の日が続く梅雨期に入る時こそ、探鳥と観察にはうってつけです。この頃、野鳥たちは繁殖期に入っているので、東屋で静かに待っていると、巣箱を利用しているヤマガラ、シジュウカラがじっくり観察できます。やがてかわいい雛が誕生するのもこの時期です。夏の夜は夜行性の鳥を探しに行くのも一興です。能仁寺山門付近ではアオバズクが、山頂ではフクロウの声が聞こえてきます。

　秋風が吹く9月下旬〜10月上旬、それぞれの繁殖地から越冬地へ渡っていくエゾビタキ、アオバトが観察できます。中でも9月の2週頃の秋晴れの日にはサシバやハチクマなどの「鷹渡り」を観察することができます。夏鳥が去ると、入れ替わりに冬鳥が飛来してきます。南側の墓地には赤い実のなる木が多く、ジョウビタキ、ツグミなどを見ることができます。東側の草原にはカシラダカ、時にはミヤマホウジロなどがやってきます。集落や畑、川原、林縁などの低木のある開けた環境には、頭や腹部が黄色のかわいい小型の猛禽のモズが生息しています。木の枝や杭などに止まって地上を見張り、昆虫やムカデ、トカゲ、カエルなどを見つけると、舞い降りてきてくちばしで捕らえます。捕らえた獲物をとがった枝や棘にさして、「モズの早贄（はやにえ）」をつくります。

　里地里山に雪が降る2月頃になると、小鳥の種類が増してきます。ルリビタキは疎林の地面で、アトリとウソは桜の木に、キクイタダキは松ノ木にと、元気に動き回っています。天覧山や多峯主山とその周辺に野鳥が多いのは、渡り鳥の中継地であるとともに、動植物相がバランスよく保たれてきたために、昆虫も多く生息していることにあるのでしょう。

モズの早贄（トカゲ）（2016年11月撮影）

■ 特定外来種、ガビチョウ（画眉鳥）

　ガビチョウは、スズメ目チメドリ科に分類される鳥で、体長は約 22〜25 cm、嘴と尾が長いのが特徴です。体色は全体的に茶褐色でかなり地味ですが、眼の周りおよびその後方に眉状に伸びた特徴的な白い紋様を持っています。嘴の色は黄色で、「キーヨコ」「キーヨコ」と大きな音色でさえずります。飯能を始め周辺地域で近年増加していますが、あまりにもやかましい鳴き声に閉口されている面もあるようです。時にはウグイスやキビタキ、オオルリ、サンコウチョウといった他種の鳥のさえずりをまねることもあります。同属のカオグロガビチョウ、カオジロガビチョウと共に外来生物法で特定外来生物に指定されていて、日本の「侵略的外来種ワースト100選定種」にもなっています。

　中国南部から東南アジア北部にかけて広く生息し、日本では1980年代頃からペットとして輸入された個体が、「かご脱け」をして定着したものと推定されています。日本国内では留鳥として生息し、南東北、関東、中部、九州北部を中心に見られます。温暖化と関係があるのか宮城県など雪の少ない東北地方の太平洋側への侵入が確認されたのはごく最近です。地上採食性なので積雪による影響を考えると、これ以上の北上はないとみられています。ガビチョウが多く観察されるポイントとして、飯能をはじめ里山など人家に近い低い山の森林が主な住みかで、営巣場所もそうした藪の中ですが、河原でも生息しているのが確認されています。　地上を走り回って昆虫や果実を食べ、繁殖期はつがいまたは単独で行動し、非繁殖期は小群をなして行動します。元々、日本にいた鳥類と餌や生息場所をめぐり、直接、間接的に競合することや餌となる小さな昆虫類の捕食などにより、日本の生態系に大きな影響を与える恐れがあります。

　人間の勝手に振り回された末の日本での暮らしを思うと、いとおしい気もしないではないですが、外来生物法に基づく「特定外来生物」に指定されているので、許可なく捕獲して飼育することは禁止されています。ところで最近『外来種は本当に悪者

特定外来生物ガビチョウ

か？新しい野生 THE NEW WILD』という本を読みましたが、「よそ者、嫌われ者の生き物たちが、失われた生態系を元気にしている」ということが指摘されていて、大変興味深かったです。

■ 環境変化の指標鳥：カワセミ・ヤマセミ

　カワセミは羽色が鮮やかで、翡翠（ひすい）のような体色から、「飛ぶ宝石」とも言われ、その美しさは古くから注目されていました。全長約 17 cm で、くちばしは体の割には長く、魚取にすぐれた鳥で、日本全国で見られます。巣はくちばしを使って 50 〜 100 cm くらいの深さの横穴を掘って、土が露出している川岸や崖に巣穴をつくります。治水対策や都市化の影響で、川岸がコンクリートなどで固められると営巣場所がなくなってしまいます。池、川など淡水域の水辺で餌をとるのが普通で、渓流や池沼などを見下ろす木の枝に静かにとまっていて、水中にダイビングして水中の獲物をとったり、水面をかすめて一直線に速く飛んだりしています。また、形態の美しさもさることながら、1960年代中頃以降、自然環境の破壊が進み、「ほろびゆく自然のシンボル」として扱われてきたためでしょうか、現代人にこれほど人気のある鳥も少ないでしょう。最近は市街地に隣接する地域でも見られるようになりましたが、都市河川に昔のような清流が戻ったわけではありません。清流にすんでいたメダカ・オイカワの代わりに、汚水にも強いフナやモツゴが増えてきたように、カワセミは自分たちの生活を変えて適応しているのでしょう。そのためカワセミは、環境変化の指標鳥と見なされています。『日本の野鳥』によれば、カワセミの雛のなき声が「ジャジャジャ」と聞こえるのが、セミの声に似ているので、この名前が付いたとあります。

　ヤマセミは全長約 38 cm で、日本のカワセミ類の中で一番大きい種です。黒と白の鹿の子斑があり、カノコショウビンと呼ばれていたこともあります。頭の冠羽(かんう)も特徴です。オスは胸が茶色で、メスは翼の裏側に茶色が見えます。カワセミより上流域の山間の渓流付近にすんでいて、魚が大好きで、ヤマメ、イワナ、ハヤなど清流の魚をねらいます。大きな淵や湖や沼に突き出た枝の上に止まっていて獲物を探していて、急角度で水中にダイビングして魚をとらえます。「キャラッ キャラッ」と聞こえる鋭い声で鳴きます。切立った土の崖に、横穴を掘って巣をつくっています。

獲物をねらうカワセミ（日本生態系協会 2005 年 5 月撮影）

獲物をとったカワセミの夫婦（日本生態系協会 2009 年 6 月撮影）

得物をくわえたヤマセミ（日本生態系協会 2005 年 6 月撮影）

7　猛禽類

　飯能には、食物連鎖の頂点に立つ猛禽類のタカ類が多く見られ、バードウオッチャーたちの間では有名なスポットになっています。サシバやハチクマ、オオタカなどが見られます。秋になると9月の2週目頃には天覧山山頂で、サシバやハチクマなどの「タカ渡り」を観察することができます。天覧山では1994年に349羽が飛んだという記録がありますが、最近ではあまり数が出ないようです。都市化や農業の変化、緑地の減少などの影響が懸念されます。

■　サシバ

　サシバは天覧山で鷹の渡りをみせる代表的なタカです。別名大扇（おおおうぎ）と言われ、オスの全長は約47 cmで、メスはオスよりやや大きく全長約51 cmです。翼を広げた時の翼開長は105～115 cmもあります。オスの成鳥は、頭部は灰褐色で、目の上の白い眉斑はあまりはっきりしなく、個体によってはないものもいます。体の上面と胸は茶褐色、のどは白く中央に黒く縦線があります。体の下面は白っぽくて腹に淡褐色の横縞があります。メスは眉斑がオスよりも明瞭で、胸から腹にかけて淡褐色の横縞があります。

　サシバという名前は奈良時代の儀式用の団扇（うちわ）である「サシバ」が、この鳥の尾羽で作られていたことに由来するという説や、一定の方向に向かって一直線に飛ぶ姿から「差羽」「刺羽」と名づけられたとする説などさまざまな説があります。

サシバの飛翔（日本生態系協会2005年6月撮影）

森林で羽を休めるサシバ（日本生態系協会2005年6月撮影）

丘陵地や低山の森林に生息していて、周辺の水田や畑、草地、伐採地、林縁など開けた場所で、主に朝と夕方に狩りをします。樹上や電柱の上など、見晴らしのよい場所にとまり、地上の獲物を探します。主にヘビ、トカゲ、カエル、ネズミといった小動物、バッタ、セミなどの昆虫を捕食しますが、ごく稀に小型の鳥類も捕らえることがあります。他の猛禽類よりもよく鳴き、とまっている時や飛んでいる時に「ピックイー」とよく通る声で鳴くのが特徴です。

　林内の針葉樹の地上12m前後に枯れ枝などを用いて皿形の巣をつくり、5月頃に2～4個の卵を産みます。主にメスが卵を抱きますが、オスも1日1時間程度卵を抱くことがあります。卵を抱いている日数は約30日、巣立ちまでの日数は35日ほどです。巣立ち後、幼鳥は1～2週間、親鳥から給餌を受けますが、徐々に自分でも狩りをするようになります。中国北部、朝鮮半島、日本で繁殖し、東南アジアやニューギニアで冬を越します。日本では4月ごろ夏鳥として本州、四国、九州に渡来し、標高1000m以下の山地の林で繁殖します。秋の渡りは9月初めに始まり、渡りの時には非常に大きな群れをつくりますが、最近ではあまり数が出ないようです。渥美半島の伊良湖岬や鹿児島県の佐多岬では、サシバの大規模な渡りを見ることができます。

■ **ハチクマ（八角鷹、蜂角鷹）**

　ハチクマの和名は同じ猛禽類のクマタカに似た姿で、ハチを主食とする性質を持つことに由来しています。ただし、ハチ以外の昆虫類、小鳥やカエル等の小型の動物もある程度は捕食するようです。

　全長57～61cm、体の色は通常体の上面が暗褐色で、体の下面が淡色もしくは褐色ですが、特に羽の色はいろいろあるようです。オスは風切先端に黒い帯があり、尾羽にも2本の黒い帯が特徴です。メスは、尾羽の黒い帯がオスよりも細くなっています。丘陵地から山地にかけての森林に生息していて、樹上に木の枝を束ねたお椀状の巣をつくります。冬になると東南アジアに渡って越冬しますが、毎年同じ縄張りに戻ってきて雛を育てます。このとき巣も毎年繰り返し再利用するため、年々新たに付け加えら

ハチクマの飛翔（日本生態系協会2012年8月撮影）

れる木の枝によってかなりの大きさとなります。

　食性は動物食でスズメバチ類や、アシナガバチ類の狩りをし、蜂の巣に詰まった幼虫や蛹を主たる獲物としています。雛を育てる時にもバラバラの巣盤を巣に運んで雛に与えています。コガタスズメバチのような樹上に営巣するハチのみならず、クロスズメバチやオオスズメバチなど、地中に巣をつくるハチの巣であっても、ハチが出入りする場所などから見つけ出し、同じ大きさの猛禽類よりも大きい足で巣の真上から掘り起こし、捕食してしまいます。ハチクマの攻撃を受けたスズメバチは、クモの子を散らすように逃げ惑います。毒針を問題にしないのは、ハチクマの羽毛が硬質でハチの針が刺さらないためだと考えられています。

■ オオタカ（大鷹）

　オオタカは日本の鷹類の代表的な種で、中型のタカです。オスの全長は約50 cm、メスの全長は約60 cmでメスの方がやや大きいのが普通です。翼を広げた時の長さは約100～130 cmあります。成鳥は背側が青灰色と言われていますが、一般にオスは青色味が強く、メスはほぼ灰色で、明らかに異なっています。胸から腹は白色でオスには太い、メスには細い横斑があります。虹彩はオスがオレンジ色、メスは黄色とされますが野外での識別は不可能です。幼鳥は背が茶褐色で、胸から腹にかけて縦斑が見られます。

　平地から山岳地帯にかけての森林に生息していて、林内の木の幹の大きく枝分かれした場所に枯れ枝などを用いた皿形の巣をつくります。スギ、アカマツ、モミなどの常緑針葉樹林に巣をつくることが多いのですが、まれにコナラ、クヌギなどの落葉広葉樹につくることもあります。近年は里山だけでなく、住宅地の近くにも営巣するようになり、東京都23区内でも観察される例が増えてきました。繁殖期は概ね1月から8月までであり、2月に入ると巣作りを始めます。巣は修復しながら数年間使うことも珍しくなく、大きさは直径約1 m、厚さ60 cmになることもあります。成鳥の繁殖期における行動圏は直径約2 km程度で、非繁殖期には行動

巣から飛び立つオオタカ（おおたかの森トラスト1998年6月撮影）

圏はさらに大きくなります。

　留鳥として1年中生息するオオタカが多いのですが、一部のオオタカは越冬のため南下の鷹の渡りを行うものもあるそうです。オオタカは飛翔能力が高く、ハトやカモなどの中小型の鳥類やネズミ・ウサギなどの小型哺乳類を捕食する里地里山の代表的な猛禽類です。食物連鎖の頂点に位置するため、生態系の自然が健全でないと生息できません。1ペアのオオタカが繁殖するためには巣の周辺に100～200haもの豊かな自然が必要だと言われています。飛行速度は水平飛行時で時速80km、急降下時には時速130kmにも達する高速です。狩りは見通しのよい林縁の木の枝や、鉄塔などにとまり、そこから獲物を探して狩りを行うという待ち伏せ型の狩りを行います。成功率はさほど高くはないようです。ハトやカモなど大型の鳥類を捕獲できれば、1日に一度の狩りで食を満たすことができますが、獲物のほとんどはスズメやムクドリのような小型の鳥類なので、1日に何度か狩りをするようです。オオタカはこのように優れたハンターであることから、厳しい訓練を経た後、鷹狩りに使われてきました。

　江戸時代中期には日本各地で盛んに鷹狩りが行われました。飯能から東に開ける武蔵野台地には尾張藩の鷹場がありました。現在、国内のオオタカの捕獲は禁止されているので、海外から輸入されるオオタカで伝統技術の承継が行われているそうです。

■ タカ渡り

　日本で見られるタカの渡りの主なルートは二つあります。一つは北海道から竜飛岬を経由し、日本海沿いに南下し、長野県の白樺峠から西へ向かい瀬戸内海を抜けて、九州、東南アジアへと至るルートです。もう一つは関東地方から伊豆半島などを通り、伊良湖岬から紀伊半島へ渡り、四国を横断して九州へ入るルートです。だいたいこのルート上をタカが次々と飛んでいきますが、ルート上ならばどこでも観察できるというわけではありません。ルート上にある標高の高い山の上や岬など、上空のタカが間近に見えるポイントが観察に適しています。天覧山はタカ類の識別には最適の場所で、バードウォッチャーたちの間でも有名なスポットになっています。100羽もの大群が、次々に大空を滑空し富士山の方向に向かって飛んでいく様子は見るものの心を打ちます。

　具体的には、青森県の竜飛岬、長野県の白樺峠、愛知県の伊良湖岬などがタカの渡りを観察できる有力なポイントとして知られています。渡りのピーク時

天覧山山頂でのタカ渡りの観察（日本生態系協会 2012 年 10 月撮影）

天覧山のタカ渡り（市川和男氏 2012 年 9 月撮影）

には数百から数千羽が群れをなすこともある有名ポイントは撮影に最適で、タカの渡りの調査・観察を行う全国組織「タカの渡り全国ネットワーク」のwebサイトで全国各地の観察地を調べることができます。飯能市の天覧山も関東地方のタカの渡りが見られるポイントとして知られています。

　前述の二つのルートを経て九州に入ると、ハチクマのように五島列島を抜けて大陸に渡るもの、サシバのように南西諸島に向かうものなど、種によって異なりますが、彼らは日本列島に沿って移動し、大陸や東南アジアを目指します。サシバは 200 km、ハチクマに至っては 10,000 km 以上の渡りを行うそうです。

　天覧山・タカ渡り観察グループの市川和男さんによれば、天覧山の周辺は1970 年代後半から丘陵地が開発され、自然が破壊され始めました。宅地、ゴルフ場などの開発によりサシバの繁殖数は 1980 年代から激減してしまいました。ただし、バブル崩壊により開発されず、放棄されているところも残っています。特に、天覧山周辺は緑地の多くが宅地に開発される予定でしたが、市民の反対運動やバブルの崩壊で計画は 2005 年に中止されました。飯能市はここを「景観緑地」に指定し、土地の所有者の開発会社も里山として保全する方向になりました。天覧入りの再生活動を継続中でイノシシの被害にあいながらも、稲づくりを継続しているそうです。天覧山のタカ渡りを見るエコツアーは秋の人気エコツアーの一つです。

8　小型哺乳類：カヤネズミとニッコウムササビ

　カヤネズミは世界最小のネズミで、体重は 7〜14 g ほどです。7 g というのは、およそ 1 円玉 1 枚の重さに相当します。ススキ・オギ・チガヤなどが生え

る比較的乾いた草原で暮らしていて、天覧入の谷戸で見ることができます。ススキやチガヤなどの葉を編んでボール上にまとめた巣を地面から1mぐらいの高さの茎につくり、子育てをします。冬は地面にトンネルを掘って過ごします。植物の種や木の実、小さな虫を食べています。夏の台風後や枯れ野となった冬には、カヤネズミの巣を見つけることができるかもしれません。

ニッコウムササビはネズミ目リス科の動物で、頭胴長は270〜490mm、尾長は280〜410mm、体重は700〜1500gです。首から前足、後ろ足、尾の間に飛膜（ひまく）がありそれを使って滑空することができます。腹部は白く、目と耳の間からほほにかけて帯のように淡い色の部分があります。関東北部から東北地方に分布しています。関東地方から東北地方の森林に生息する夜行性で、日中は大木の樹洞やカラスの古い巣などで休み、夜間に採食活動に出かけます。木の芽、花、葉、果実、種子を食べる完全な草食性とされていますが、個体によっては昆虫類も食べているようです。天覧山周辺で見かけることが多く、能仁寺の境内や天覧山の山道に巣穴が見つかっており、周辺部にも生息していると考えられます。過去には天覧山で小鳥用の巣箱の出入り口を広げ、住み着いた例が知られています。

天覧入りのカヤネズミ
（2011年9月撮影）

樹洞から顔を見せた天覧山のニッコウムササビ（2007年3月撮影）

9　大型哺乳類

■ イノシシ

埼玉県におけるニホンイノシシ（以下、イノシシ）の分布域は、江戸時代までは平野部まで広く生息していたと推定されていますが、明治時代以降の乱獲と森林の減少により、大幅に生息域を狭めてきました。しかし最近では、生息域が逆に拡大傾向にあり、現在では丘陵地や隣接する平野部でも農林業被害が

確認されるようになっています。イノシシはスギ、ヒノキ、アカマツなどの針葉樹林は本来あまり好まず、食物となるクリやクルミなどの堅果をつける落葉広葉樹林の方を好みます。しかし、イノシシの生息域は、丘陵地ではクヌギ、コナラなどの夏緑広葉樹林を主体としていますが、山地ではスギ、ヒノキの人工造林地の割合が高くなっています。

　飯能の農地は、谷間を開墾した谷戸田や山腹の緩斜面を利用した農地が多く、イノシシの被害を受けやすい形態をしています。特に近年では、耕作放棄地の増加が隠れ場所や進入路を提供し、また管理放棄された果樹などがイノシシを誘引するなど、一層被害を受けやすい状況となっています。被害作物は水稲とイモ類が多く、その他、トウモロコシ、タケノコ、クリ、カボチャ、キャベツ、豆類、スイカ、シイタケ、ムギ、コンニャク、ソバ、ユリの根など多くの畑作物に食害が発生しています。中山間地域では耕作放棄地が多くなっていますが、その理由は、平地に比べると生産性が低く、機械化が難しく、離村や農林業従事者の高齢化などが指摘されています。また、イノシシによる被害の高まりによる耕作意欲の減退も指摘されています。一方、飯能市でもニホンジカが増加していることから、ニホンジカの採食により樹林地の下層植生が変化して、イノシシの生息環境に何らかの影響を及ぼしている可能性があります。耕作放棄地はイノシシを農地に進入させやすくするほか、生息場所となることも指摘されています。

　イノシシは夜行性で、移動範囲が広範である、短期間で大幅に数が変動する等から、個体数や密度の現実的な推定方法が確立されていないので、生息密度を正確に推定することは困難なようです。防除方法は、柵、網、電柵などの

シカやイノシシから農作物を守るネットが張られた畑（2016年6月撮影）

電気柵による農作物の防御
（2009年11月撮影）

方法が多く、これらによる防除は、適切な設置と管理がなされるならば効果的な対策のようです。しかしながら、同一地域で効果的な防除を実施している農地とそうでない農地が混在する場合は、適切な防除対策がなされていない農地に被害が集中したり、イノシシを誘引することにもなったりするので、地域全体での取り組みが重要になります。狩猟者の減少や高齢化が進む中、銃猟による捕獲は次第に困難になってきています。

■ ニホンジカ

　ニホンジカは、オスとメスが別々に「群れ」を構成しており、群れの大きさは生活環境によって変化します。テリトリー（縄張り）を持たないため、餌となる植物がある限り一定の地域の中で際限なく生息数が増大し、壊滅的な植生破壊を招くことがあります。スギ、ヒノキなどの新植地において苗木の食害が深刻化するなど、飯能周辺でも生息密度が高まってきました。この要因としては、生態系の変化、生息環境の変化、さらには温暖化などの人為的影響の中でバランスが崩れたことも考えられます。ニホンジカによる農林業被害については、従来は、スギ、ヒノキなどの苗木の食害が主なものでしたが、最近では、生息地の拡大や生息密度の高まりに伴い、農作物被害が増加し、生育段階の植栽木の「樹皮はぎ被害」が多くなっています。過疎や高齢化で里山が荒れ、耕作放棄地も増え動物たちの進出を防ぐ決め手は、今のところありません。

　こうした状況のもとでニホンジカによる生態系や農林業に及ぼす影響を軽減し、人とニホンジカとの共生を図っていくため、生息状況と植生、農林業被害の発生状況の的確な把握が必要です。また、専門家や関係者の幅広い協力を得ながら、個体数の調整、被害防除、生息環境の整備等の対策を総合的に講ずることにより、計画的な保護管理を実施していく必要があります。また、東京都と埼玉県の県境を越えて生息するニホンジカの保護管理を効率的、効果的に進めていく上で、東京都と情報を共有化し、連携を図っていく必要があるでしょう。

暗いスギ林の中で様子をうかがうニホンジカ（中央）(2016年11月撮影)

■ カモシカ

　ニホンカモシカは主に、低山帯上部から亜高山帯のブナ、ミズナラをはじめとする落葉広葉樹林帯に生息しています。しかし、近年、飯能でも南高麗などで集落を見下ろす崖の上に、たたずむニホンカモシカが多く目にされるようになりました。ニホンカモシカは単にカモシカと呼ばれていますが、シカ科ではなくウシやヤギと同じウシ科に属しています。したがって、シカとは違い、ウシ科のほかの動物と同様、角は雌雄どちらにもありますが、牛と同じように枝分かれしないし、生えかわりもしません。その体の特徴は、毛が長くて四本の足も首も太く短く、シカ類より小柄で、ずんぐりしています。ニホンカモシカは、古くは狩猟対象であり食用とされていました。その味が鴨のように美味だから「カモシカ」という説もあります。しかし現在は、特別天然記念物に指定されているので、捕獲や殺傷はできません。蹄の先が二つに分かれている偶蹄類なので蹄の先を広げて急な崖で立つことができるので、岩場など足場の悪い所での活動に向いています。主に木の葉や広葉草本をつまみ食いをするように少量食べては移動することを繰り返すため、被害は植栽して間もない幼齢木が主になっています。1夫1婦制で、縄張りを持っていて、ある場所に長期的に定着して生活しますが、その生息密度はそれほど高くはないようです。

■ ツキノワグマ

　成獣は、頭胴長120〜140 cm、体高50 cm程度、体重70〜120 kgで、70 kg前後のものが多く100 kgを越える個体は少ないと言われています。本州以南に生息する最大の陸上哺乳類で、オスの方がメスよりも大きいのが一般的です。体の色は全身黒色で、名前の由来になっている胸に白い三日月模様（月の輪）を持っているのが普通です。クマの身体能力は人をはるかに超えており、100 mを8秒ほどで走れるほか、1時間で50 km以上移動できる上に、泳ぎや木登り、穴掘りも得意です。前足には長さ4〜5 cmの鋭い爪を5本持っていて、木登りや穴掘りにも、この爪が使われます。また、爪はクマにとって最も強力な武器となり、クマと出遭った場合、この爪による攻撃に注意する必要があります。

　ツキノワグマは3〜4月に冬眠していた穴から出ると、最初は穴のまわりのコケや木の新芽を食べ、その後、春はフキノトウ、ブナの新芽など草木の新芽や花、夏はササ類のタケノコ、キイチゴ類やサクラ類などの液果、秋はブナ、ミズナラ、コナラ、オニグルミの堅果のほか、サルナシ、ヤマブドウ、マタタ

ビなどの実も食べます。このようにクマが好むものは、人間が山菜として利用しているものと同じです。また、里山に出没し、クリやカキなどが食べられてしまうこともあります。動物食としては、夏にアリやミツバチ、スズメバチ類の巣を壊して、蜜のほか成虫、幼虫、蛹を食べます。ツキノワグマはスズメバチ類に襲われても、剛毛と厚い皮下脂肪を持つため、まったく平気です。その他、サワガニなどを食べ、時にはカモシカ、あるいは鶏などの家畜を襲うこともあります。夏にかけては、それぞれの季節に応じて、食物の豊富な場所を移動しながら行動します。特に6月のタケノコの季節は、ツキノワグマの繁殖期でもあり、視界の悪いササ薮などへ山菜採りに入る時は要注意です。秋に入ると、ツキノワグマは行動範囲を広げ、主に木の実（堅果類）を

クマの捕獲を報じる地元紙「文化新聞」
（2016年9月15日）

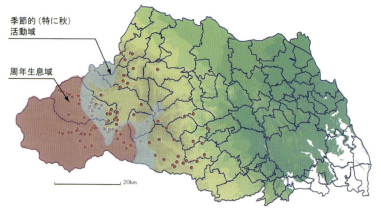

●：2006年出没地点（2006年はクマの大量出没年であった）
注）クマの分布は聞き取り情報に基づき作成したものである

ツキノワグマの埼玉県内の分布（出典：「埼玉県ツキノワグマ対策マニュアル（埼玉県環境部）」）

採って食べます。越冬に備えて栄養を蓄え、11〜12月に冬眠に入ります。特にブナやミズナラなどの堅果類が不作の年は、クマの行動範囲がさらに広がり、大量出没につながると考えられています。

最近、里地里山にはイノシシやサルやクマまでも、餌を求めて出没し、農作物やカキやクリなどの果樹などの被害だけでなく、思わぬ「人身事故」が起きています。里地里山でのエコツアーでも、こうした動物と遭遇して、思わぬ人的被害が起きる可能性があるので、情報を確認してそうした場所に近寄らないなど十分気を付けましょう。

コラム4　里地里山の危ない生きもの

里地里山のエコツアーで出くわす毒をもつ生き物と言えば、すぐにヘビのマムシを思い浮かべますが、昆虫やダニ、ヒルなどにも毒をもつものがいます。里山では特に注意しなければならない昆虫には、スズメバチやアシナガバチの仲間、アブやヌカカの類、そしてチャドクガなどの蛾の仲間もいます。また、昆虫ではないのですが、ツツガムシの仲間やダニ類にも深刻な疾病を引き起こすものがいるので、注意が必要です。最近ではフラビウイルスを持ったマダニにかまれて起きる「ダニ媒介脳炎」が国内で確認されています。意識障害や痙攣、髄膜炎、脳炎などの症状が出ます。2016年の夏に北海道で日本においては初めてのダニ媒介脳炎の死者が出ました。このウイルスを持ったマダニは北海道の一部の地域で見つかっていますが、このウイルスを持ったマダニがいない地域では感染は起きないものの、沢に沿った斜面や、草原や笹原に立ち入るときは要注意です。また、山ビルなどが生息している森林の中を歩くときなど、知らぬ間に吸血されることがあるので注意が必要です。

現在、日本で最も人々を殺傷している動物がスズメバチ類です。山や森だけでなく人家にも巣をつくることがあります。特にオオスズメバチは攻撃性が強く、大人でも刺されると死ぬことがあります。巣に近づかないことや刺激しないことが大切ですが、地下や樹洞など目立たない場所に巣をつくることが多いため注意が必要です。また、建物や木に巣をつくることが多いキイロスズメバチも危険です。特に夏から秋は繁殖期でもありメスの気性が荒く攻撃的になっています。スズメバチが人を刺すのは仲間や自分の身を守るためですから、巣に近づかないことが大切です。人間が巣に近づくと、周辺を飛び回るなどして警告してきます。あごをかみ合わせ「カチカチ」と警告音を出して飛んでいたら相当怒っている証拠だそうです。スズメバチに気がついたら騒がずに後ずさりをしてその場を離れ

ましょう。スズメバチに刺された場合はパニックにならないことが大事です。刺されたら余計なことはせずに、まず救急車を呼び、すみやかに適切な手当を受けることが大切です。ハチ毒に対するアレルギーがあると、血圧が下がって数分で意識を失い、30分以内に死亡することがあるので要注意です。ハチは黒いものに寄ってくる習性があるので黒い服は避け、帽子をかぶり、甘いにおいを好むので香水などはつけない方がよいでしょう。スズメバチの警告音に気づくためにも、イヤホンなどで音楽を聴きながらの歩行はやめましょう。

樹上のアオダイショウ（2015年5月撮影）

日本の本土で最大のヘビはアオダイショウで、体長は2m前後と大きく昼行性で、木に登るヘビとしても有名です。大きなヘビなので出くわすと驚きますが、毒はありません。むやみに退治をしたり、いじめたりするのはやめましょう。アオダイショウは人とともに暮らすヘビと言われ、里地里山や人家の近くで見かけることが多くあります。人家や納屋などに現れてネズミを捕食することから、かつては「益獣」として扱われてきました。しかし、ニワトリやその卵を食べてしまうことから敬遠されることもあります。

日本本土にいる毒ヘビはマムシとヤマカガシの2種です。両方とも積極的に人を攻撃することはなく、普通は手に取ったり、刺激したりしない限りかまれることはありません。しかし、うっかり踏みつけたり、石垣の間に手を入れたりする時にかまれてしまうことがあります。どんな毒蛇でもかまれたら、やたらに傷口を切らずに、かまれた場所の心臓に近い側を軽くしばる程度にして、すぐに病院に行き、早めに専門医に診てもらいましょう。単独行の場合は、様態の悪化も考慮し携帯電話などでタクシーを呼び、病院と連絡を取るなど速やかに行いたいものです。また、ハチやヤマビルなどにはいち早くその存在に気づくということが、攻撃されないために重要です。いざという時のために所持しておきたいものとして、毒を吸い出す「ポイズンリムーバー」などの携帯品や「抗ヒスタミン剤」などがありますが、里地里山のエコツアーのガイドやエコツーリストは、これらのものを携行してリスク管理をしておくことが大切です。

第5章　森林文化が薫るまち飯能

　人間は大地と離れて生活をすることはできません。その大地に根を下ろした人々は、おのずから地域社会や文化を形成してきました。ここでは、飯能の里地里山をはじめ、風土の中での様々な生活のあり様や、人と環境とのかかわりあい方、環境と文化などについて見ていくことにします。

1　谷口集落飯能のあゆみ

　飯能市は2005年に旧名栗村と合併し、秩父山地から丘陵・台地部にいたる埼玉県内第2位の193.16 km²の面積となり、人口は約85,000人です。広大な市域をもつ飯能市は森林率が75.4％で、市域の大部分が埼玉県立奥武蔵自然公園の指定地域になっています。

　飯能市の市街地は、秩父山地から注ぎ出る入間川の谷口集落を基盤として発達してきました。飯能では山地と平地の物資の交易の場として、江戸時代中頃から六日と十日の日ごとに開かれる六斎市が開かれていました。この市は別名「縄市」と呼ばれ、背後に展開する西川林業地域をひかえ、薪炭や木材の出荷の荷づくりに欠くことのできない縄を、その主な取引品目としていたことに因んでいます。JR八高線の東飯能駅からまっすぐ西へ伸びる道路の突き当たりに位置する中央公民館から東へ300mほど、広小路までの道路の両側に市が立っていましたが、市の発展とともにこの地域に街村的に市街地が形成されました。その後、1899（明治32）年の入間馬

山間から流れ出て谷口集落を形成する入間川（2005年5月撮影）

天覧山山頂から飯能市街地を望む
(2009年9月撮影)

車鉄道、1915（大正4）年の武蔵野鉄道（現西武池袋線）が敷設されると市街地は東へ伸び、西武池袋線飯能駅の周辺まで家並みが連続するようになりました。そして、1931年に八王子と高崎を結ぶJR八高線が開通すると、市街地はさらに東へ伸び、西武秩父線に囲まれた地域が市街地へと発展しました。

　現在では、西武秩父線を越えて東・南・北へ拡大し、東飯能駅の東側に官庁街が形成されています。市役所を含め、今日官庁街となっている大部分の土地は、第2次世界大戦中の軍需工場跡地です。31頁の地形図のように北は高麗丘陵の麓、中山の集落まで住宅が連続しています。南は、飯能河原を見下ろす丘陵上に、1989年に住宅都市整備公団によって8,000人規模の美杉台団地が造成されました。団地の造成に合わせて飯能駅も改築され、飯能プリンスホテル（現ホテル・ヘリテイジ飯能Sta.）や駅ビルとともに、南口改札口も開設されました。入間川と成木川の合流点の下流に位置する阿須・岩沢地区には、駿河台大学・飯能南高校・市民球場・市民体育館などがあり、文教地区として整備が進んでいます。

2　西川材の生産地

　江戸時代から「江戸の西方の川を流下してくる木材」ということで、名栗や東吾野、飯能のスギ・ヒノキなどの木材は「西川材」と呼ばれていました。その中心は、荒川支流入間川の中・上流域にあたる名栗川流域の飯能市名栗地区（旧名栗村）と荒川支流高麗川の上流域の飯能市東吾野地区です。この地域では、南接する多摩川流域の青梅地方とともに、江戸時代中期以降に育成林業へ移行したと言われています。この地域の村々は常畑や水田農耕に依存する生活は困難であり、農間稼ぎを工夫することによって貢租を支払い、自らの生活をまかなってきたのです。近世の江戸の発展は、この地域の農間稼ぎに新しい可能性をもたらすことになりました。木炭生産と木材生産がそれであり、林業地域を形成する条件が生まれたのです。秩父層群（秩父中・古生層）の土壌、年間1500mmを超える雨量、年平均気温14℃の比較的温暖な気候といったスギや

第5章　森林文化が薫るまち飯能　　107

ヒノキの生育に適した自然環境、大消費地江戸に至近な距離に位置するとともに、材木の輸送路としての入間川・高麗川・成木川が隅田川に直結しているという地理的条件などに支えられ、その生産量は着実に増加していきました。

西川材の年間生産量は俗に「西川材十万石」、27,800 m³ ほどであったと言われています。「飯能は江戸の火事を引き受ける」と言われたのも、名栗渓谷から飯能に入った杉丸太を中心とした木材

筏宿の面影が残る河原町
（2016年11月撮影）

佐野家　飯能駅から西に向かって消防署までの北側と線路の反対側にずらっと材木屋さんが並んでいたその中の一軒で昭和初期の町家です。

井上家　同じ材木屋のならびに残っている大きな差し鴨居のある町家。昭和10年以前の建築。飯能屈指の建築材料を使っています。

築地家　同じく材木屋の通りの町家で、特に出窓の格子に注目したい。飯能の町家の格子の中でも、デザイン的にも細工の良さでも天下一品です。

畑家　絹と木材で賑わった、かつての飯能の遊び場としての割烹を偲ばせる鰻屋。木造3階建ての部分は大正期の建物です。

明治から昭和の古民家探訪エコツアーのポスターの一部（資料提供：埼玉県建築士事務所協会いるま西支部 2016年12月作成）

を、飯能河原の「土場」で大型の筏に組み直し入間川へと流送し、たびたび大火に見舞われた大消費地の江戸へと運んだからです。飯能河原に近い河原町には、飲食店や古着、足袋、下駄などの小売店や、醬油、材木などの販売店などが軒を連ねていました。筏師がここで飲食をしたり買い物をしたりしたので、「筏宿」と呼ばれていました。かつて西川材を筏に組んだ土場の飯能河原は、現在は川遊び・キャンプ・紅葉狩りなど、四季を通じて観光客が訪れています。しかし、1915（大正4）年に武蔵野鉄道が開通すると、東京への材木の輸送手段が筏から鉄道にとって代わられました。その結果、駅前には材木商が軒を連ねることになりました。現在では、材木商の建物の多くは姿を消しましたが、かつての木材景気を思い起こさせるような材木商の立派な店構えや住居、絹と木材の繁栄で賑わいを見せていた商店や料亭などが残っています。その後、木材のトラック輸送も開始され、筏は1921（大正10）年頃を境にして完全に姿を消しました。

　埼玉県建築士事務所協会いるま西支部では、飯能市街に残る古民家を調査し「明治から昭和の古民家探訪のエコツアー」を実施してきました。その一部ですが、同協会が作成したポスター（107頁参照）の中から、街並みに残る古民家を紹介します。

3　西川林業の盛衰

　飯能市の双柳地区では、1884（明治17）年頃からスギ、ヒノキの苗木生産が行われるようになり、それまでの稚樹を抜き取って育てる山引方式に代わって、一斉植栽を可能にする実生による苗木生産方式に転換しました。また、西川林業は、土地・苗木を地主が提供し、植付けや手入れの労働力を植主が提供し、30〜40年という短い伐期で植栽と伐採を繰り返し、成木した収穫時の相場で代金を分配するという「分収林（植分）」制度が特色となっています。分収の歩合は、地主4割、植主6割が一般的でした。また、吉野林業地域から枝打ち技術を学び、「堀っかけ」と呼ぶ植栽後2〜3年目の手入れ、さらに「立木」と呼ぶ皆伐時に何本かを残し、財産として蓄積して大木に育成する方法が工夫され、西川林業の育林体系が仕上がっていきました。そのうち、特に立木については、少ない山林面積を集約的に経営するための工夫であり、中規模以上の農家によって支えられた東吾野地区でよく見られます。もっぱら分収契約で短

伐期経営を主とした名栗地区では、この育林方法はあまり普及しませんでした。

日清戦争（1894〜1896年）や日露戦争（1904〜1905年）を経る過程で木材価格が上昇し、また併せて日本経済の離陸期にあたる木材需要の増大の中で、植栽機運が高まりました。さらに、第1次世界大戦（1914〜1915年）による好況は西川地方の林業生産を活発化させ、次々と植栽が進みました。しかし1923（大正12）年の関東大震災では、復興需要のために外材が本格的に輸入され、山元へは大きな利益を生まず、併せてその直後に始まる昭和恐慌の中で、西川地域に限らず全国の林業地域は林業不況に打ちのめされることになりました。

第2次世界大戦後、混乱期を抜け、復興需要が増大する中、1940年代後半から1950年代にかけて西川地域の造林は全盛期を迎えました。乱伐された跡地の植栽だけでなく、木炭用の天然雑木の伐採跡地を中心にして拡大造林も大幅に進みました。西川材が30年の短伐期であったことが、このような状況下で最も有利に働きました。戦時中は伐期に達していなかった林分がこの時期に次々と伐期に達すると、電柱材や足場丸太として供給が伸び、造林補助金制度にも支えられ、西川林業地域が本格的な林業景気に沸き立ちました。

西川材は大部分、建築用の小角材や足場丸太や電信柱などに利用されてきましたが、足場丸太が鉄パイプ、電信柱がコンクリートに変わり、1950年代中頃から急速に需要が減り、さらに輸入材に押され、林業の後継者も不足し、林業は厳しい状況におかれています。

日本は緑の列島とも言われるほど森林資源の豊かな国です。国土面積に対する森林面積の割合（森林率）は約64％で、世界的にも有数の森林保有大国です。日本の森林は、木材を生産する人工林が4割、かつては里山として利用されていた自然林（薪炭林）が4割、残りの2割が原生的な森林です。大部分が人間との関わりの中で保たれてきた森林です。森林は私たちの命の源であり、雨水をしっかりと土壌に蓄えておく水源涵養、土砂崩れなどの自然災害防止、河川の水をきれいにする水質浄化、大気中の二酸化炭素などの取り込み、レクリエーションや保養、種の多様性の維持など、多くの

手入れがされていない人工林　倒木や細木が目立ち光が射し込まない
（2009年9月撮影）

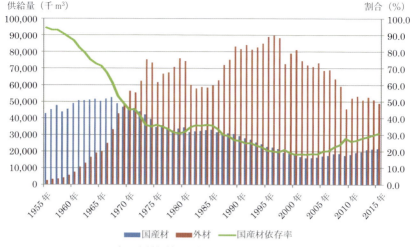

日本の木材供給量の推移（1955〜2015 年）
（資料：「木材需給表」を元に作成）

公益的機能を発揮してくれています。

　しかし、一見すると緑豊かに見える森林も一歩中に入ると、特に人工林では暗く荒れた世界が広がっているところが多く見られます。林業の低迷により管理放棄された森林です。適切な間伐がされない管理放棄された森林の木々は、細い幹のまま太陽を求めて上へ上へと伸びていき、その結果、いわゆる「モヤシ状の過密林」となり、風や雪などに耐えられない危険な山林が増えています。

　第 2 次世界大戦中、木材は貴重な資源であり、日本の山はいたるところで「はげ山」になっていました。戦後は木材資源を復興させるために、国をあげて拡大造林が行われました。「木を植えれば儲かる」という時代になったのです。ところが、木は植えてから木材になるまで数十年かかるため、戦後急増する木材需要に対応するために、1957〜1964（昭和 32〜39）年にかけて木材の輸入自由化が行われ、多くの輸入材が入ってきました。その後、外材輸入が本格化する一方で、日本の林業や木材業は整備や合理化が遅れ、1995〜2005 年の間、日本の木材自給率（用材）は 20％を割ってしまいました。その後、戦後に植えられたものが伐期を迎え、2015 年現在、木材自給率は約 30％となっています。その結果として、わが国の森林は全国各地で不健康な状態で蓄積を続けています。

4 ウッドマイレージと木質バイオマスエネルギー

　1994年に英国の消費者運動家ティム・ラング氏が提唱した農産物などの食料品のフードマイルズ（food miles）を木材に応用した指標としてウッドマイルズ（wood miles）があります。日本では農産物に対して「フードマイレージ」と言っているのと同様に、木材に対しても「ウッドマイレージ」と呼んでいます。木材の重量（t）と、木材の産地から消費地までの輸送距離（km）を乗じたものを言います。重量のある木材は輸送時に多くの炭酸ガスなどを排出しているので、地球環境への負荷の度合いを表す指標としています。現在の日本の木材需要量をみると、おおむね7 000万m^3で、木材自給率は3割ぐらいです。アメリカ・カナダなどの北米材、東南アジア・パプアニューギニアなどの南洋材、ロシアなど北洋材、ブラジル・チリなどの南米材、フィンランドなどの欧州材、ニュージーランド、オーストラリアなどのオセアニア材といったように私たちは世界中のあらゆるところから、木材や木質資源を調達しています。結果として日本のウッドマイレージは高くなり、アメリカの約5倍、ドイツの約21倍にもなります。今後、世界の人口増加と環境破壊が進むにつれ、木材に限らず、食料や燃料などの取り合いが世界中で起こるとも言われています。自国にふんだんにある森林資源を利活用することなく、日本ではなぜ、これほど多くの輸入材を使い続けているのでしょうか。「日本は緑の寄生虫」とまで諸外国から言われているのです。一刻も早く私たちの木材消費を、国産材や地域材へ移行していくことが求められています。

　木材はその成長過程において多くの二酸化炭素を吸収し、木材となってからも炭素を固定し続けます。木材は再生可能な天然資源であり、製造エネルギーが極めて少ない建材の一つであり、環境にやさしい材料「エコマテリアル」と呼ばれています。また、石炭、石油などの化石燃料や原子力に依存する社会からの脱却の一つの試みとして、木材等の生物資源である「バイオマスエネルギー」が注目されています。

　飯能市、入間市、日高市、毛呂山町、越生町の製材業、木材卸売業、素材生産者、森林組合などの40の団体が協同組合西川地域木質資源活用センターを2003年に飯能市大字中藤に設立し、各事業者から発生する樹皮や端材、林地残材などを熱源に利用できる木質ペレットの製造を始めました。「森（もり）

もくねん工房全景(左上)(2003年8月撮影)
生産されたペレット(左下)(2003年8月撮影)
飯能市役所のペレットストーブ(上)
(2004年11月撮影)

から暮(くらし)らしに燃料(ねんりょう)を供給する工房」という意味の「もくねん工房」を愛称にして事業に取り組んでいます。ペレットというのは、薪の代わりに木材や樹皮を破砕、圧縮し、小さな円筒状に成型したものです。家畜やペットの餌に似た形のこの燃料は、欧米では「アドヴァンスドフューエル」と呼ばれています。なぜ「進化した燃料」などと呼ばれているのでしょうか。ペレットは、木質エネルギーとしての一般的な特徴である地球環境や地域環境にとって好ましいばかりでなく、さらに次のような特徴があるからです。小口用には袋詰め製品、大口用には大きな布袋のフレコンバックや専用コンテナを使うので輸送も容易ですし、薪に比べれば貯蔵するのも格段に場所を取りません。ペレット用のストーブを使えば、点火も燃料の投入も自動なので、薪のように火を起こしたり、薪をくべ続けたりする煩わしさもありません。また、薪に比べると、ほぼ均質な木質のために燃焼にムラがなく熱効率が高いのです。煙が発生しにくく、排ガスの性状もよく、燃焼後の灰も薪よりずっと少なくなっています。これらのことから、木質ペレットは家庭や事業所といった、小中規模の一般利用が最適です。アメリカではペレットストーブが、北欧ではペレットバーナーが普及しています。

第5章　森林文化が薫るまち飯能

飯能市にできた「もくねん工房」のペレットは、名栗地区にある「さわらびの湯」や「名栗げんきプラザ」、飯能市役所などの公共施設で暖房や給湯などに、製材所などでは木材乾燥機用として使われていますが、残念ながら一般家庭用や地域暖房用のエネルギー源としての普及はあまり進んでいないようです。このような状況では、環境にやさしい木材を活かすことは非常に困難です。世界の森林減少や違法伐採問題などに対して疑

色々なエコツアーを企画し、木質バイオマスエネルギーの活用も視野に入れている名栗カヌー工房理事長の山田直行さん
（2016年9月撮影）

問を持つ方も多いはずです。私たちは、社寺や住居、家具や道具、薪や炭など、昔から生活の中で多くの木材や木質資源を使ってきました。飯能市は、首都圏にあって奥武蔵の豊かな自然に恵まれたまちであり、その歴史・文化、人々の情感は、森林とともに育まれてきました。

「地域の木材や木質資源を使うことが環境にやさしい」ということを実践するのにはどうすればよいのかを今一度考え、木材生産者に限らず、私たちが一丸となって、森林や木材をめぐるさまざまな問題を解決していくことが、いま求められているのです。

木質バイオマスを熱源としてだけに使うのではなく、木材の細片であるチップにして燃やした熱で蒸気を発生させ、タービンを回して発電させる熱電併給の仕組みもあります。燃焼によって発生する炭酸ガスは、植栽した若木の旺盛な光合成によって吸収されるので、「温室効果ガス」を増加させる心配もありませんし、発生する木灰も萌芽林や植栽した木の肥料として使えます。このように木質発電は化石燃料の石油や、安全性に問題があり核廃棄物の処理が難しい原子力と違って、ほぼ完全な循環システムを構築できるという環境保全上のメリットがあります。日本の中山間地の里山に放置されている落葉広葉樹を熱電併給用の萌芽林として再生したり、スギなどの植栽地にある林地残材をはじめとした未利用の大量の木質バイオマスを有効に使ったりしながら里山を保全

していくのには、熱電併給が可能な小規模分散型のバイオマス発電は最適です。名栗カヌー工房理事長の山田直行さんは、カヌーをはじめとした木工品製造過程で出る大量の端材や木くずをチップ化し、この熱電併給用のシステムによって、これまで焼却処分していたものを活用する計画に思いを巡らせています。

エネルギー利用と生活様式の変化で生じてきた里地里山で眠るバイオマスを、新しい技術と社会システムでよみがえらせれば、化石燃料の節約や里山保全につながるだけでなく、社会や文化のあり方について見直すきっかけにもなるでしょう。日本でも、一刻も早く小規模分散型の木質発電を実現させる社会経済システムの整備と変革に着手しなければなりません。2011年3月11日に起きた「東日本大震災」と福島の原発事故の経験をふまえ、中山間地域の里山のこれからのあり方は、生物多様性の保全と地域に住む人々の公益性に加え、エネルギー源としての木質バイオマスの活用がますます重要になるのではないでしょうか。

5 木材の地産地消運動

第1章でも述べたように地元の食材を地元で食べ、地場の資材を使ってものをつくる、「地産地消運動」は、地域の環境保全、地域の資源循環や地域経済の活性化などを目的に各地で行われています。木材の地産地消も、地域の木材を地域で使い、地域の山や木材産業を守り活性化させるという趣旨で、各自治体や活動グループを中心にさまざまな取り組みが行われています。「地材地建」「地材地消」、近くの山の木でつくる家、地場産材住宅、県産材住宅、地域材住宅など呼び方はさまざまですが、地域の木材によって住宅をつくる運動をしている団体やグループは、全国で500余り存在しています。林野庁でもこの一連の活動を応援する「顔の見える木材での家づくり推進事業」を行っており、各グループの情報発信拠点として、日本住宅・木材技術セ

さいたま市浦和区の西川材を使った家の普及活動を行っている工務店（2016年10月撮影）

ンターには「顔の見える木材での家づくりデータベース」というホームページが設置されています。

地域材による家づくりに代表される木材の地産地消運動には、地域の伝統や文化の継承、小規模な木質資源の循環、地域の自然環境保全、地域産業の活性化など、多くの利点がありますが、大量生産による均一で低価格の物に溢れた都市域の消費者にとって、この木材の地産地消の価値を見出すためには、それなりの時間と体験が必要になります。さいたま市浦和区に住む筆者の自宅付近の工務店は、「埼玉県の木、西川材で建てる注文住宅」の販売に力を入れています。

6 森の香りでリラックス

人間はヒトになっておよそ500万年が経過していると言われていますが、その99.9%以上を自然の中で過ごしてきたのですから、現代に生きる私たちの身体は、自然対応型にできているに違いありません。自然対応型の生理機能をもって、現代の都市化・人工化された環境の中で生きているわけですから、本来、ストレス状態になっているはずです。

都市化・工業化を進めた結果、確かに私たちは繁栄の恩恵に浴することができました。道路は舗装され、流通網は整備され、家はプレハブやコンクリート、燃料は電気やガスと、理想的な環境が実現できました。職場や家庭でもコンピュータをはじめとしたさまざまな電子機器が普及しています。このような人工的な環境に取り巻かれている状態が続くと、それに伴うテクノストレスによるストレス症状が増大していきます。こうしたストレス状態による人間性の疎外が、学校での「いじめ」や不登校など、重大な社会現象として現れるようになってきたのもその反動の一つなのかもしれません。その結果、人工的環境のストレス解消のために郊外に出て行って、森林浴を楽しんだりして人間性の回復を図ったりすることが盛んになっています。森林浴といえば、フィトンチッド（phytoncide）という言葉を聞いたことがあるかと思います。緑にあふれた森林の中に入って行くと爽やかな空気が広がり、しばらく歩いているとかすかな香りに気がつくと思います。この森林浴効果をもたらす森林の香りの正体が「フィトンチッド」なのです。森林の植物、主に樹木が自分でつくり出して発散する揮発性物質で、その主な成分はテルペン類と呼ばれる有機化合物です。α-ピネンやリモネンが主要成分で、森林中の空気を分析すると、100種類を

ロンドン中心部のハイドパーク公園で森林浴を楽しむ市民（1993年8月撮影）

白神山地のブナ・ミズナラ林を歩く（2016年9月撮影）

超えるフィトンチッドが検出され、この揮散している状態のテルペン類を人々が浴びることを森林浴と言うわけです。それでは、樹木は何のためにフィトンチッドをつくり出すのでしょうか？

　樹木が光合成を行うということはよくご存じだと思います。光合成は太陽の光エネルギーを利用して、炭酸ガスと水から炭水化物をつくり水蒸気と酸素を放出します。さらに樹木は、二次的にフィトンチッドなどの成分をつくり出すのです。このフィトンチッドには、つくり出した樹木自身を護るさまざまな働きがあります。他の植物への成長阻害作用、昆虫や動物に葉や幹を食べられないための摂食阻害作用、昆虫や微生物を忌避、誘引したり、病害菌に感染しないように殺虫、殺菌を行ったりと実に多彩です。

　樹木は土に根ざして生きているので、移動することができません。そのため外敵からの攻撃や刺激を受けても逃げたり、避難したりできませんから、フィトンチッドをつくり出し、それを発散することで自らの身を護ろうとするわけです。フィトンチッドをはじめ、「森林に入ると気持ちがいい」「リラックスできる」ということは、多くの人が感じることができるでしょう。しかし、それはなぜかということについては、これまでほとんど科学的・医学的に明らかになっていませんでした。近年、林野庁が中心になって、「森林系環境要素が人の生理的効果に及ぼす影響の解明（農林水産研究高度化事業）」により、現在、科学的・予防医学的に解明されつつあります。

　森林浴だけでなく、森林との付き合い方が次第に疎遠になった都市域の人々にとって、今や、頭の中だけでなく自然の中に分け入り、五感をすべて利用した森林との付き合い方を知る拠点が必要ではないでしょうか。それには、首都

50 km 圏に位置し都心から 1 時間もすれば電車で着いてしまう森林率 75.4% という緑豊かな飯能市こそは、首都圏の都市住民にとって緑に親しむ「親林活動」の重要な拠点として最適です。

飯能市では、地域住民が中心となってさまざまなアイデアを出し合って、エコツーリズムの中に「親林活動」を取り入れています。山や川での自然体験や環境教育、西川材を使ったカヌーの製作とツアー、ペレット生産による森林バイオマスの復権、伝統や森林文化の再発見、一種の風致施業としての「景観間伐」の実施、林業体験や森林管理などをアレンジして年間 100 を超えるエコツアーが実施されています。これらを通して都市住民との交流を深め、自然や文化を生かした観光と林業や地域振興を両立させる取り組みが、飯能市で活発に行われています。また、2005 年に飯能市は、森林文化都市を宣言しました。その宣言文には「人々が森林とのふれあいを通じて心身ともに森林の恵みを享受し、環境との調和や資源の循環利用を生活の中で生かしていくことが求められる時代にあって、本市では、森林資源を活用し、新たな森林文化の創造により、心豊かな人づくりと、活力のあるまちづくりを推進します」とあります。森林文化が薫るまちづくりが進められています。

飯能森林文化都市のイメージキャラクターの巨大木馬「夢馬（ムーマ）」
体高 4.9 m、体長 4.6 m、西川材のスギ製で、「ギネス記録」にも登録
（2005 年 4 月撮影）

手入れの行き届いた人工林、林床に光が射し込み植生も豊か。109 頁の写真と比べてみよう（2009 年 11 月撮影）

7　スギモノカルチャーとスギ花粉症

寒さの厳しい冬から、やっと暖かくなる季節を迎えようとする春先になると、クシャミが出て目がかゆくなるスギ花粉症に悩まされる憂鬱な季節が訪れます。スギ花粉症のもとになるスギ花粉が、どのくらいの距離を飛ぶのかというと、自然条件によっても異なりますが、気流の流れに乗ると、50～60 km ぐら

いの距離は飛散するそうです。また、花粉の量と花粉症にかかった人の数とは必ずしも一致していないようです。スギ林から遠く離れた東京都内でもかなりの量の花粉が飛散していて、都心でもスギ花粉症に悩む人が多く見られます。

日本で初めて「スギ花粉症」が報告されたのは1960年代で、それ以降、花粉症に悩まされる人は年々増加しています。患者が増大している最大の理由は、スギ花粉の飛ぶ量が増大しているからです。その原因の一つとして、第2次世界大戦後、住宅の復興材用にスギが大量に植えられ、スギがモノカルチャー（単一植栽）の状態になったことが挙げられます。スギの花芽は20年生ぐらいで付きだし、実際に多くなるのは30年生ぐらいなので、丁度、現在のスギの造林地の林齢構成は30年生以上が主体になっています。したがって、造林面積の拡大とともに、花粉の飛散量が増えてきたのではないかと考えられています。加えて、林業の構造的不況により、手入れ不足の森林が増えている結果、衰弱木が増え、花芽を付けやすくなって、花粉の量が増えているのではないかという意見もあります。しかし、スギの花芽は日当たりの良い所にはよく付きますが、過密状態ではあまり付かないのが一般的だそうです。そう考えると、スギ林の手入れ不足が、花粉の増加に直接関係しているとは必ずしも言えないでしょう。

スギの花芽と舞い上がるスギ花粉　スギ林からは2月頃から風が吹くと花粉が舞い上がります（岡部素明氏 2009 年 2 月撮影）

ところで、スギ花粉症を起こす誘因は、スギ花粉の量とは別にあるのではないかとも言われています。一説としては、大気汚染や自動車の排気ガスの影響があって、発症や症状を助長したりするというものです。自動車台数が多くなるに従って、発症者数が多くなるという疫学的調査結果も出ています。現在、環境省でも大気汚染物質、特にディーゼルエンジンなどからの自動車排気ガスと、スギ花粉症との関係を調査しています。もちろん、スギ花粉が引金になっていますが、それと複合して花粉症に関わる他の要因を調べることも重要です。飛散するスギ花粉の量を減らす研究も、各地の林業試験場などで進められています。日本各地からさまざまな特徴を持つスギを集め、それぞれがどれぐらいの花粉を持っているのかを調べ、花粉量の少ないスギや無花粉スギも発見されました。こうした無花粉スギに植え替えていくことも、花粉症を減らす有効な方法になるでしょう。

8　谷口集落の機業地とその特徴

秩父銘仙　秩父では、元々、普段着使いの先染めの絹織物が織られていました。仮織りした経糸に型紙で捺染し、緯糸をほぐしながら織るので、「ほぐし織り」とも呼ばれていました。その後、大胆な柄が特徴で、色使いも華やかな秩父銘仙として有名になりましたが、現在織られているのは数軒のみです。

飯能大島紬　大量生産のため従来の紬糸では効率が悪いので、滑らかな絹糸に変えましたが、その後も大島紬という名を使い続けました。男物着尺を主とした飯能大島紬は、経糸と緯糸を染め分け、模様をつくり出す繊細かつ精巧な織物でし

青梅縞　青梅周辺でつくられていた絹と、木綿の交織の縞織物です。青梅に市場があり、織物の集散地であったために青梅の名前が用いられたようですが、成立時期などの詳細は不明です。

八王子織物　古くから生糸や絹織物の集散地であった八王子は、明治末期に力織機が導入されてからは、生産が主体になりました。大正時代には多摩結城という女物の紋織御召が、戦後はウールが人気となり、紬と御召を中心としてさまざまな種類の織物が生産されました。

関東山地東縁谷口集落の機業地とその特徴

関東山地の秩父盆地や、飯能をはじめとした八王子、青梅、越生といった山地と平地の接点にある谷口集落は、木材生産地だけでなく養蚕地帯と絹織物地帯ともいえる地域で、相互に連絡しあって生産に励んでいたのでしょう。

9　飯能の生糸と絹織物

　高燥な扇状地の扇頂に位置する谷口集落周辺は、高燥で無霜期間が長くクワ（桑）の栽培や、蚕の飼育に適した自然条件が整っていたのです。また、日本の養蚕技術は中国から伝来したとされていますが、聖徳太子の「十七条の憲法」にも登場し、当時から「農桑」として稲作と養蚕が国家の基幹産業に据えられていました。飯能地方の絹織物の歴史は和銅年間（708〜715年）にまで遡ると言われていますが、江戸時代の18世紀末（天明初期）の武州絹市の取引状況を見ると、およそ飯能を境にして、北部の平白絹生産と、青梅や八王子など南部の先染絹織地域にすでに分化していたことがわかります。消費地の江戸から遠い飯能以北の山間地では農間余業で生産した絹糸を、平織・正絹であってもさらに織って売ることによって生産性を高めたのでしょう。江戸に通じる甲州街道筋に位置する八王子を中心とした地域は、いち早く高級な技術を導入して縞市を形成していました。

　飯能市の目抜き通りの飯能大通り商店街の仲町交差点寄りには、「絹甚」の屋号で絹問屋を営んでいた土蔵造りの店蔵が残っています。店蔵は1904（明治37）年に建てられ、2階建てで約50 m^2。敷地は南側が飯

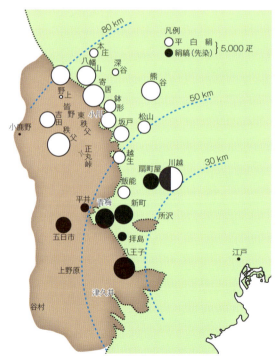

天明初期武州絹市年間取引量の分布（『関東地方における織物業地域の分化と変容』7頁を参考に作図）

第 5 章　森林文化が薫るまち飯能

飯能市街地に残る絹甚の店蔵（2005 年 1 月撮影）

能大通りに面し、間口は奥行きに対して狭く、南北に長い典型的な商店建築の町家の形態をしています。切妻屋根の瓦葺きで、外壁は最上級の黒漆喰仕上げです。1階の屋根の上には隣家の火災から2階の窓を守るために両側に防火壁の「うだつ」が上がっていて、贅を尽くした造りになっています。養蚕で栄えた飯能で絹を扱う問屋が繁盛した産業史的背景を忘れてはなりません。絹甚の店蔵は所有者から飯能市に寄贈され、2008年の4月に改修工事を終え、土日を中心に一般公開されています。

　飯能地方の絹織物は、江戸時代には裏絹が主体に生産されていましたが、昭和初期ごろから「飯能大島紬」が織られ始めました。元は奄美大島紬を模倣した織物でしたが、飯能で独自の変化を遂げました。飯能大島紬は19世紀初めの文政年間に開発された仮締染色法で1本1本柄合わせをしながら織る緻密な柄が特徴です。複雑な亀甲模様を組み込み、落ち着いた渋い色に染められている点も特徴です。飯能大島紬や東京都武蔵村山市付近で織られた村山大島紬は、紬糸を使用していないために厳密には紬とは言えません。大量生産の必要から従来の紬糸では効率が悪いので、滑らかな絹糸に変わりました。しかし、その後も、大島紬という名を変えませんでした。その特徴は経糸と緯糸を染め分け、模様をつくり出す繊細かつ精巧な織物という点です。

　1922（大正11）年には、絹甚の店蔵と同様、飯能大通り商店街に面して「飯能織物協同組合」の事務所が建築され、今も健在です。構造は木造総2階建てで、寄せ棟、瓦葺きです。外壁は下見板張り、窓は当初は木製の上げ下げがで

「飯能織物協同組合」の建物（2016年11月撮影）

きるジョージア式の窓でした。このような洋風な外観に対して、瓦屋根の上には棟の両端に「しゃちほこ」が2尾据えられた和洋折衷の洋風建築で、当時の隆盛が目に浮かんできます。男物の飯能大島紬、女物の村山大島紬と言われ、1978（昭和53）年には埼玉県の「伝統手工芸品」に指定されました。

10　飯能の発展と繊維産業の盛衰

　江戸時代末期に横浜港が開港すると生糸が盛んに輸出されるようになり、養蚕業や製糸業、絹織物業が盛んになっていきました。このことがその後、飯能地方の発展に大きな影響を与えました。絹関係の商いで、財を成した商人が飯能にも誕生し、商人たちの中には取引で蓄えた財を、武蔵野鉄道（現西武鉄道）を飯能に呼び込むために提供した者もいました。飯能はこの鉄道が1915（大正4）年に開通したことにより、それまでの筏による木材の通過地点から集散地としての役割を担い、東京への鉄道による輸送が可能となり、木材のまちとしての発展の礎を築いたのです。

　しかし、1929（昭和4）年に始まった「世界大恐慌」は、日本経済を大不況に陥れ、アメリカへの生糸の輸出が急減し糸価も大暴落しました。太平洋戦争が始まるとアメリカへの生糸の輸出ができなくなりましたが、第2次世界大戦後は統制も解除され、製糸業や織物業も復興してきました。1958（昭和33）年に生産過剰から糸価が暴落したり、生糸の代わりにナイロンなどの化繊が普及したりすると日本は「蚕糸不況」に陥りました。かつては市内に絹問屋や機織工場などがたくさんありましたが、今ではその姿を見ることも

旧平岡レース事務所棟の保存を考える会のポスター（一部省略）

できません。旧帝国ホテルなどを設計したアメリカの建築家フランク・ロイド・ライト（1867〜1959）の直弟子遠藤新が設計し、1950（昭和25）年に建築された西川材による木造2階建ての旧平岡レース事務所棟は、周囲の環境にマッチしながら歴史を刻んできました。旧平岡レースは、かつて繊維産業で栄えた飯能市の歴史の中で、重要な位置を占める企業でした。その栄華の名残を遺すこの建物は、飯能市にとって重要な文化遺産の一つに違いありません。飯能の産業遺産や建築遺産として、旧平岡レース事務所棟の保存運動が進められましたが、その願いもかなわず2011年に解体され、現在、市の文化財施設内に保管されています。失われつつある文化資源の一例として、適切な場所に復元して市民が利活用できるとともに、飯能市の「森林文化の薫るまちづくり」に活かしていく方策を、早急に実現していきたいものです。

11　土地に刻まれた飯能市の地名

■ 飯　能

『角川日本地名大辞典 11埼玉県』には、「地名の由来は、武蔵七党丹党の1人が当地に居住し、判乃氏と称したことによる」と記されています。また、一説には町政を施行する前の飯能を含むこの一帯の高麗郡という地名は、後で述べるように奈良時代に高度な文化技術を有した朝鮮（高麗）からの渡来人を移住させたことに由来するとも言われています。韓国語で大きな集落のことを「ハンナラ」といい、それが飯能の地名の由来とも言われていますが、諸説がいくつもあり、正確なところは分かりません。

■ 名　栗

鎌倉期からみられる郷名で、那栗郷とも書いたという。『角川日本地名大辞典 11埼玉県』には、「地名の由来は「新編武蔵野風土記稿」では、栗の名産地であったことによる」とするが、一説には「ナグリのクリには石ころ・岩、ひいてはガケの意味があり、名栗川の沿岸のガケが注目されてその名を得たとする説もある（松尾敏郎：日本の地名）」と記されています。ただ、「な」をどう解するのかということが疑問として残ります。「山城の殖栗のナグリ神社は、双栗神社と書くのが注目されます。また、「ナグリ」とは、入り込んだ谷間の意だともいう（地名誌・地名語源辞典）」飯能の地名の由来とともに、正確なところは不明のようです。

第5章　森林文化が薫るまち飯能　　125

■ 南高麗

　1889（明治22）年4月1日、町村制施行により、下直竹村、上直竹村、苅生村、上畑村、下畑村、岩淵村が合併して高麗郡の南部に位置するため高麗郡南高麗村としました。その後1896（明治29）年3月29日に高麗郡が入間郡と統合し、高麗郡は廃止されました。そして1943（昭和18）年4月1日に飯能町に精明村、加治村、元加治村と一緒に合併し、新たな飯能町がスタートしました。

　高麗とは、かつて朝鮮半島中北部から中国東北部を領有した高句麗（こうくり）を指します。高句麗滅亡前後、多くの高句麗人が日本に移り住みました。『続日本紀（しょくにほんぎ）』には、霊亀（れいき）2（716）年に高麗郡建郡当初、東国7か国に住む高麗人1799人が武蔵国に移住したとあります。進んだ文化や技術をもって朝鮮半島の高句麗から渡来した人たちが、現在の飯能市、日高市、鶴ヶ島市を中心とする未開の原野を切り開いたのです。飯能市芦苅場にある堂ノ根遺跡は高麗人の移住に伴い出現した8世紀前葉の住居址の遺跡です。出土した須恵器は、白雲母や細かい長石を多量に含んだ土で焼かれたものでした。この土は常陸国新治産の須恵器にみられるもので、実際に常陸国から高麗人の移住を示すものだと考えられています。彼らは、常陸国から坏（さかづき）などの供膳具、貯蔵具など生活用品一式を携えて移住してきました。

　地方制度改革により、高麗郡や南高麗村の名称は消滅してしまいましたが、南高麗という地区名がいまでも飯能市には残っています。高麗川や南高麗という地区名に刻まれたこの土地の祖先の暮らしと、高麗人たちの文化を忘れてはならないでしょう。2016年には高麗郡建郡1300年のさまざま

高麗郡1300年特別展ポスター（埼玉県立歴史と民族の博物館）

な催しが、開発のリーダー・高麗王若光を祖とする高麗神社のある日高市で行われました。2016年7月16日から8月31日まで埼玉県立歴史と民族の博物館では「渡来人の軌跡をたどる高麗郡1300年」の特別展が催されました。

◼ 指（サス）地名

25000分の1の地形図の飯能市を見ると、「黒指（くろざす）」「天目指（あまめざす）」といった変わった地名が見つかります。この「サシ」「サス」がつく地名は、漢字で「指」「差」などを当てていますが、奥秩父や奥多摩の山間地でも見られ、かつて焼き畑が行われていた地名だと言われています。『日本の焼畑』や『稲作以前』を書かれた佐々木高明さんは、その著書で以下のように記しています。

『新編武蔵風土記稿』という書物には「焼き畑なるものは山の中の中腹または山頂にあり、粟、稗、大豆、小豆、蕎麦を作れ……」という記述が随所にあり、ここでは伐採の時期により、「春伐りを応という。周年の秋蕎麦を作が為にす、秋狩りを差と云う、来年粟、稗、豆等を作が為にす」と書いてあります。

このように、山間地の山腹や山頂付近の緩斜面や崖錐や扇状地などでは、水利が悪く腐植分の少ない礫まじりの土壌なので、米や野菜などを得ることがで

長野県栄村遠山郷の学術展示林としての焼き畑風景：毎年多くの見学者が集まります（1984年8月撮影）

きません。粟や稗、豆類や蕎麦、芋などの食料を得るためには「焼き畑」や「切り替え畑」が営まれていたのです。切り替え畑というのは、植林などの地拵えのために火入れをし、樹木が小さい間は畑として利用し、植栽した樹木が成長した後には林地に替えるというものです。現在、東京都の奥多摩町の峰や長野県の遠山郷栄村では焼き畑の復元が行われ、多くの人が見学に訪れています。

コラム5　天下を揺るがした幕末の二つの大事件
――武州一揆と飯能戦争

　幕末期の1783（天明3）年には浅間山の大噴火があり、大量の火山灰の降灰による天候不順、洪水などが続き、「天明の飢饉」「天保の飢饉」が起こり、全国各地の農山村は疲弊し、百姓一揆が頻発し、江戸や大阪では豪商などに対して「打ちこわし」が行われるなどの騒動が頻繁に起こっていました。1854年の安政の開国によって外国貿易が始まり、幕末の政治情勢の不安とインフレーションは極点に達しました。さらに、第2次長州征伐のため、領主らが兵糧米を買い占めたり、米穀商たちが売り惜しみをしたりしたため、市場の飯米が高騰するとともに、金銭や米穀が一部の豪農や商人に集中して貧富の格差が顕著になりました。

　関東山地の山間地域では、通常でも田畑から十分な食料を得ることができず、養蚕や絹糸の製糸や炭焼きなどのいわゆる農間稼ぎによって現金を得て、米麦を購入して生活し得たところが大部分でした。浅間山の噴火による降灰の影響もあり、天候不順で、農作物が不作となり、山間地の農民の生活は困窮を極めました。加えて、横浜の開港により外国貿易が始まり物価が高騰し、生糸と蚕種に課税する生糸蚕種改印令が断行されたため、絹商人に対する反発は非常に高まりました。

　明治維新の2年前にあたる1866（慶応2）年6月13日に、上名栗村の正覚寺信徒の大工島田紋次郎と桶職人の新井豊五郎の二人を中心に上名栗村の農民たちが一斉に蜂起して武州一揆が始まりました。1866（慶応2）年6月13日上名栗村の正覚寺に群集した村人の蜂起から勃発し、19日までに武蔵国15郡、そして上野国2郡へと波及して、延べ10数万人の農民たちが参加しました。「世直し」「世ならし」をめざす一揆は、放火や金銭略取を厳禁するなど一定の統率を保ちながらも、激しい打ちこわしの形態で同時多発的に行われ、豪農、豪商や村役人など五百数十軒が打ち壊されました。名栗村で起きた一揆が、武州や上州の養蚕・絹織物業地域一帯に及んだのは、当時の農山村の困窮した共通の基盤があったからにほかなりません。

　江戸近郊の天領を広く巻き込んだ一揆は差し迫った要求を掲げて行動をしてき

ましたが、代官江川太郎左衛門が豪農層を主体にして組織した農兵、幕府陸軍、川越藩や高崎藩などの藩兵による圧倒的な武力弾圧によって、わずか7日間で鎮圧されてしまいました。しかし、この一揆は広範囲に民衆勢力が団結して要求貫徹を迫るなど、幕府のガバナンスの低下を天下に知らしめ、倒幕への流れを決定的なものとしました。

　農民一揆が終息して束の間の2年後に、飯能は再び天下を揺るがす大事件の舞台になってしまいました。1868（慶応4）年5月、官軍に対して徹底抗戦を主張して結成された彰義隊からの分派「振武軍」が、飯能を戦場にして東征軍や川越藩兵の討伐軍と戦ったのが飯能戦争でした。江戸市中を主戦場とすることに反対した彰義隊頭取の渋沢成一郎、尾高惇忠、渋沢平九郎ら約500人は、田無、箱根ヶ崎などを経由して5月18日に飯能に入り、天覧山のふもとの能仁寺を本陣にし、周辺の寺院を屯所にして、討伐軍迎撃の準備を始めました。本陣と定められた能仁寺は、背後に羅漢山（天覧山）を配し、市街地を一望できる天然の要害をなしていたからでしょう。一方、討伐軍は諸藩の兵士約3,000人を川越藩に集結させ、飯能へと進軍しました。5月22日夜半、入間川沿いの笹井河原での小競り合いから戦争が始まり、翌23日未明には討伐軍は総攻撃を開始しました。圧倒的兵力の前に振武軍はなすすべもなく8時頃には本陣を置いた能仁寺も砲火を受けて陥落し、戦争は多数の死傷者と破壊の傷跡を残して終結しました。この当地にとって招かざる客は、たちまちのうちに攻め落とされてしまいました。徳川家に近い領地が多かった飯能周辺の住民は、心情的には振武軍に同情的であったのは想像に難くはありませんが、市の開かれていた街並みのほとんどや、能仁寺や屯所となった五か寺を焼失し、流れ弾で多くの住民が倒れるなど、この地を戦場とされた住民にとっては迷惑なことだったでしょう。しかし、この戦争は討伐軍の圧倒的な近代兵力によって旧体制を瓦解させ、新しい明治維新体制の成立を民衆に知らしめるものとなった大きな意味を持つ事件でした。

飯能戦争の本陣となった能仁寺

第6章　結びにかえて
――こころ躍る飯能エコツアーを目指して

1　エコツアー数と参加者数の推移

　これまで実施してきた飯能市のエコツアー数と参加者数の推移を見てみましょう。2005年以来、両者とも順調に増加してきました。2011年度に東日本大震災の影響で、全参加者数が大きく減少しましたが、その後2013年度までツアー数、全参加者数はともに増加をしてきました。そこには、飯能市内の住民の参加者だけでなく、都市と農村の交流を視点に置いたエコツーリズムの活動への広がりが感じられます。しかし、2013年度をピークに両者ともに減少に転じているのが気になります。

　2015年度は飯能市全体で121のエコツアーが企画され、新規の企画は27でした。このうち天候の影響などによって19ツアーが中止となり、最終的には

飯能市エコツアー数と参加者数の推移（2005～2015年）
（資料：『2015年度飯能市エコツーリズム推進事業報告書』）

102のツアーが実施されました。2015年度のエコツアーの参加者数は4,092人で、前年度より168人の減少です。ツアーには飯能市の食文化や特産品を味わったり、自然体験をしたりするだけでなく、それ以外の多様な文化・工芸、農林業関連の体験ができる仕組みも含まれています。日帰り型が中心となっていますが、数は少ないものの宿泊型も含まれています。2015年度に実施されたエコツアーのうち参加者を公募したものは、南高麗の黒指(くろざす)・細田地区で行っている「お散歩マーケット」を除くと81ツアーあり、そのうち定員が確保されたのは27ツアーで、全体の33.3%でした。飯能市に限らず、全国的に見てもエコツーリズムやグリンツーリズムで行われている農村ツアーは、「そば打ち体験」や「農業体験」が前面に出ていて「体験合戦」の様相を呈しています。一番の問題点は、こうした体験主義はあくなき企画合戦と価格競争に陥り、一般の観光事業と同様な身体的・精神的疲労を伴って、短期的活動に終わる可能性が高いことが従来から指摘されています。集客率が思わしくなかったエコツアーについては、プログラムの内容がよく練られていて魅力的なものになっているか、パンフレットなどで魅力がうまく情報提供できているか、価格が適正であったかなど複合的な視点からの見直しが求められるでしょう。

　また、エコツーリズムの進め方には、推進の重点を観光客の増大を目指すことに力点を置く量的拡大型と、交流や体験を軸にしたリピーターや応援者の確保といったツアー内容の更なる改良に力点を置く質的充実型とがあります。これからは地域の人口増減傾向や住民の高齢化の状況などから、量的拡大型を目指すのか質的充実型を目指すのかを判断していかなければならないでしょう。人口が減少し、高齢化が進む農山村では、量的拡大のみを追っていくのは困難であり、民間の各部門や地元外からの転入者による活力を利用していくことも必要です。地域資源および環境を適切に管理しつつ民間力をどうやって導入していくか、簡単なことではないでしょうが、これに対する仕掛けづくりこそがエコツーリズム推進協議会や行政の果たす役割ではないでしょうか。

2　環境容量を意識した住民の行動

　2009年5月3日に第9回目の南高麗地区の細田・黒指で行われている集落ぐるみの「お散歩マーケット」というエコツアーで、参加者に一枚のビラが配られました。「お散歩マーケット」は、飯能市のエコツアーの中でも最も人気

を呼んでいるツアーで、黒指地区と隣接する細田地区が毎年春と秋に行っていて集落をあげて取り組んでいます。飯能市でエコツアーが始まったのは2005年ですが、それ以前から両集落の住民が独自に始めていたものです。もともとこの取り組みは、空き家になった地区の家に市外から移り住んできた外国人を含む5軒の芸術家の人たちが中心になって始めたものでした。一度に100人もの来訪者を集めたので、事故でもあるといけないということで、地区全体で取り組むことになりました。集落30戸のほとんどが参加して多数の人を集落全体で受け入れることと、住民が独自に立案してやっている点が特徴です。毎年、東京都内をはじめとして飯能市外の多くの人がこの地を訪れています。受付で地図をもらい、細田と黒指の2つの集落やその間のハイキングコースを自由に回ってもらうものです。5月と11月の年2回実施していて、多いときには800人もの人が訪れます。各家では、こんにゃく、ユズ、レモン、ワラビ、タケノコなどの地元の手作り品を販売しています。また、半数の家では、手づくりのパン・うどん・まんじゅう・カレーなどの食べ物を提供しています。「お散歩マーケット」の参加費は300円で、バス代やお土産代など含めると、それなりに地域にお金が落ちています。普段は日中バスが少ないのですが、バス会社が協力して「お散歩マーケット」がある当日は臨時バスを増発しています。ツアーのスタッフが少ないのが悩みですが、集落の外に出ている若い人たちが来て手助けをしています。

住人よりはるかに多くの来訪者が特

黒指・細田地区の「お散歩マーケット」(上)、お散歩マーケットの日は両集落は大賑わい(中)、特産のゆずの販売(下)
(2005年11月撮影)

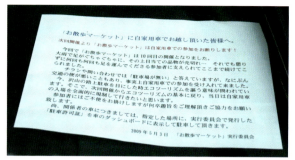

お散歩マーケット実行委員会からの車での参加を断るお知らせのビラ（2009 年 5 月 3 日）

定の場所に集中するようになるとともに、公共交通の便が悪いために自家用車で来る人が増え、路上駐車や交通渋滞、騒音や排気ガスなどの問題が出てきたのです。その結果、「お散歩マーケット」の実行委員会は、「エコツーリズムを謳う意味が問われており、自家用車での入場を全面的に規制することにし」、このビラを配布して理解を求めたのです。多くの来訪者に来てもらいたい反面、環境容量（キャリング・キャパシティー）を自覚的に意識して住民は勇気ある行動を起こしたのです。こうしたことにより「お散歩マーケット」が持続的なエコツアーとして定着しているのです。

3　大ブナの枯死と地域資源のモニタリング

　2016 年 9 月に獨協大学のゼミの学生とともに、白神山地のブナ林を巡るエコツアーから帰宅した 1 週間後に、飯能市と秩父市の境にある入間川の源流地域の大持山（標高 1,204 m）の山腹に、樹齢 400 年は経っていると思われる大ブナに再会したくなり、矢も楯もたまらず大持山に出かけてきました。飯能市名栗の終点名郷でバスを降り、民宿の西山荘笑美亭に寄ってエコツーリズム推進協議会委員として、一緒に汗を流した笑美亭の亭主中村綱秀さんと久しぶりの再会を果たしました。ご自身も 1 泊 2 日の宿泊型の「名栗川の源流と巨大ブナを訪ねるエコツアー」のガイドもしていた中村さんから、「大ブナが枯死してしまいました」と教えてもらい、懐かしい話も後にして、雨の降る中、大持山へと歩みを進めました。

　林道の終点から入間川の源流部の胸を突くような急斜面を登り、緑の苔をま

第6章　結びにかえて——こころ躍る飯能エコツアーを目指して　133

枯死した巨大ブナ（2016年9月撮影）　　元気な頃の巨大ブナ：落葉しているが元気に枝を張り出ている（2004年11月撮影）

とったチャートの岩塊を横に見ながら、サワグルミの大木の続く山道を登り詰めると、平坦地のウノタワにたどり着きました。ウノタワからさらに山稜へ上った標高1,000m付近で、枝を落とし、幹は苔に覆われ、ところどころにサルノコシカケをはじめ木材腐朽菌(ふきゅうきん)のキノコに覆われた痛々しい姿の大ブナが目に飛び込んできました。ブナ＝ミズナラ林なのに、地球温暖化によるものなのか、林床は照葉樹のアセビ（馬酔木）が繁茂していました。「大ブナの痛々しい姿といい、エコツーリズムの推進には不可欠な自然資源のモニタリングは、どうなっているのだろうか？」いや、「飯能市のエコツーリズムは、今後どうしていけばよいのだろうか？」ということが頭をよぎりました。

　エコツアーで都市から農山村に豊かな自然環境を求めて訪れた旅行者や観光客は、自然環境そのものには代価を直接支払いはしません。そもそも自然環境というようなものに対して、直接代価を支払うということはできないのです。つまり、飲食や宿泊といった消費を伴わない限り、まったく地元にはお金が落ちません。落ちるのは、排気ガスやゴミばかりです。このことは入込客が増加している地域での共通の問題になっています。自然環境はエコツーリズムの最

大の資源であり売り物であるにもかかわらず、その消費に対して直接、代価をとることはできません。そのうえ自然環境の維持のためには、地元が一方的に保全の費用負担をしなければならないことは、エコツーリズムの在り方を考えていくうえでの最大の問題点になっています。

　自然環境を含めた地域資源の適切な管理には、行政と地元地域が一体となって取り組む必要があります。大ブナがあるのは秩父市と飯能市の境付近の秩父市側になります。こうした事例は第1章で述べたバイオリージョン（生態地域）の考え方に基づき、両市が連携をとってモニタリングを行い、対策を立てるべきです。動植物には人間が引いた行政界など何の意味もないからです。自然環境の保全に手をこまねいていれば、エコツーリズムの推進などできるはずがありません。地域資源のモニタリングが適切に行われなければ、エコツーリズムも「補助金による政府・自治体による所得再配分」の新たな受け皿として終わってしまいます。そうなれば、エコツーリズムによる地域活性化は不可能となるばかりか、税金の無駄遣いとのそしりを免れることはできないでしょう。せっかく飯能市で芽が育ちつつあるエコツーリズムを、健全な形で地域活性化につなげていくことができるように、行政やエコツーリズム推進協議会の知恵と努力が、より一層必要になってくるのではないでしょうか。

あ と が き

　科学や学問は科学者の知的好奇心を原動力としたり、偶然の所産によったりして発展してきたことも多々あります。例えば、ガリレオは望遠鏡を空に向けて木星の衛星を発見したし、ニュートンはリンゴが木から落ちるのを不思議に思って万有引力の法則を打ち立てました。偶然の所産はともかくとして、科学や学問が、専門家の好奇心を満たすだけでよいはずはありません。科学者はアカデミズムの牙城に閉じこもることなく、社会への貢献を模索する科学や学問を追究すべしと私は思っています。

　国土面積のわずか1割程度の都市に、全人口の8割以上が居住するという人口の都市偏在が現在の日本の現状です。そして、国土の4分の3を占める農山村地域をわずか1割に満たない住民に国土保全を任せているという事態は、決して正常な状態とは言えないのではないでしょうか。しかも都市と農山村の間には、社会的・経済的に大きな格差が横たわっています。

　農林業の振興や森林整備にとどまらず、それぞれの農山村にふさわしい独自のビジョンづくりや、その実行方策の検討が必要です。その方策の一つとして、現在、エコツーリズムをはじめとして、農山村を舞台としたツーリズムが日本各地で胎動しています。もちろん、ツーリズムは農山村再生の万能薬ではありませんが、農山村再生の課題解決に向けての有効なツールの一つに成り得ると私は思っています。そればかりでなく、エコツーリズムは多様な価値観を認め合いながら、自然と共生する社会の在り方を追求する一種の社会運動になっているのではないかと思っています。

　本書は行政、エコツーリズム推進協議会、市民による飯能市のエコツーリズムの地道な実践的取り組みから学び取るべきことを明らかにしたものです。1987年に制定された「リゾート法」の下につくられ、「金太郎あめの開発」と揶揄されたテーマパークのような施設などのハードを中心とした観光とは全く異なる飯能市でのエコツーリズムの実践を明らかにして、これまでほとんど光が当たることがなかった地域資源を再評価して、エコツーリズムが農村振興に

どのような役割が果たせるのかを明らかにしたつもりです。

　なんの変哲もないと思われていた里地里山で、エコツーリズムの取り組みを、これから始めたいと模索している自治体には、良き指針になると確信しています。また、本書を携えて個人や小グループで、飯能・名栗方面にかかわらず里地里山の旅に出かけたい方たちにとっても、良きガイドブックとなるに違いありません。

　2012年から筆者は勤務している獨協大学の学長に就くことになり、飯能市エコツーリズム推進協議会の会長職を辞し、飯能市のエコツーリズムから足が遠ざかっていました。しかし、飯能市のエコツーリズムのことはいつも気がかりで、頭の中から消え去ることはありませんでした。本書が公刊されることで、多少、肩の荷を下ろすことができたような気がします。なお本書は、2017年度獨協大学学術図書出版助成により出版が可能になりました。

　本書が公刊されるにあたって、筆者が飯能市エコツーリズム推進協議会会長を務めていた時から苦楽を共にしてきた日本生態系協会の城戸基秀さんをはじめエコツーリズム推進協議会、飯能市、そして市民の皆様方に深く感謝いたします。また、本書が上梓できたのは、丸善出版株式会社の企画・編集部第二部長の小林秀一郎氏の並々ならぬお力添えがあったからにほかなりません。

　最後に、素敵な表紙の装丁をしていただいた造形作家の加納和典氏と写真家の小林伸幸氏、本書に掲載した多くの写真を提供していただいた日本生態系協会、名栗カヌー工房理事長の山田直行さん、飯能の建築物についての写真や記事を提供していただいた埼玉県建築士事務所協会いるま西支部、天覧山・多峯主山の自然を守る会代表理事浅野正敏さん、NPO法人オリザネット事務局長古谷愛子さん、おおたかの森トラスト代表の足立圭子さん、調査にいつも同道してくれた獨協大学経済学部准教授の大竹伸郎さん、以上の方々や諸機関に記して深甚の謝意を表します。また、ここでお名前を挙げることができた方ばかりでなく、実に多くの方々からご支援をいただきました。この場を借りてお礼を申しあげます。

　2017年3月

犬　井　　　正

【参考資料】

飯能市エコツーリズム推進全体構想（抄録）
（第2版）

平成26年4月
飯能市エコツーリズム推進協議会

---

1 飯能市エコツーリズムを推進する地域
　(1) 推進の目的及び方針
　(2) 推進する地域
2 対象となる自然観光資源
　（飯能市エコツーリズムの自然観光資源の項は略）
3 飯能市エコツーリズムの実施の方法
　(1) ルール
　(2) 案内（ガイダンス）及びプログラム
　(3) 自然観光資源のモニタリング及び評価
　(4) その他
4 自然観光資源の保護及び育成
　(1) 自然観光資源の保護及び育成の方法
　(2) 自然観光資源に関係する主な法令及び計画（略）
5 推進協議会の参加主体（略）
　(1) 推進協議会に参加する者の名称又は氏名、その役割分担（略）
6 その他飯能市エコツーリズムの推進に必要な事項
　(1) 環境教育の場としての活用と普及啓発
　(2) 他の法令や計画との関係及び整合（略）
　(3) 農林水産業や土地の所有者等との連携及び調和
　(4) 地域の生活や慣習への配慮
　(5) 安全管理
　(6) 全体構想の公表
　(7) 全体構想の見直し

※　飯能市エコツーリズム推進全体構想を紙幅の関係で一部を省略し、カラー化した抄録です。全文は飯能市エコツーリズムのホームページに掲載されていますので、必要に応じて参照してください。

1　飯能市エコツーリズムを推進する地域

（1）推進の目的及び方針
1）推進の背景と目的

　飯能市は、関東平野と秩父山地が接する場所に位置することから、平地から山地までの多様な森林環境や、源流域から中流域までの河川環境が存在しています。さらに、温暖な地方に分布するタブノキの大木と寒冷な地方に分布するブナの大木の両方が生育しており、南と北の自然の交差点になっています。こうした多様で変化に富んだ自然環境は多くの野生動植物を育んできました。また、飯能市には、人と自然に育まれてきた豊かな文化があります。地区の誇りとなっている古い木造校舎や古民家の残る街道、郷愁を誘う山村集落、蔵のあるまちなみなどが残り、獅子舞をはじめとする伝統文化や、農村やまちなか、山間部で育まれてきた生活文化が受け継がれています。

　これまで飯能市は、都心から電車で1時間という交通の便の良さと親しみやすい自然があることから、身近なレクリエーションの場となってきました。現在も入間川や高麗川、天覧山、多峯主山（とうのす）、伊豆ヶ岳、子（ね）の権現などに毎年多くの観光客が訪れています。ところが、遠足やハイキング、川遊びで訪れる観光客の多くが、自然に負荷を与える一方で、地域や住民とほとんど関わりを持つことなく帰ってしまう状況が続いてきました。さらに、都心への通勤圏内であることから主に丘陵地が開発され、動植物の生息地・生育地の消失が進みました。また、飯能市は全国的に著名な「西川材」の産地として林業を主な産業としてきましたが、全国的な林業の不振から管理が行き届かない林も見られるようになっています。ほかにも、まちなかの商店街の活力低下や、山間部での人口減少と高齢化、それに伴う伝統文化の衰退などの問題が生じています。

　一方、日本や世界は大きな転換期にあります。地球温暖化や生物多様性の喪失などの環境問題が、私たちと将来世代の生命や暮らしの基盤を揺るがしています。環境問題の大部分は、私たちの経済活動に起因していることから、解決に向けて持続可能な社会への転換を図るとともに、一人ひとりの意識の改革が求められています。また、遺伝子、種、生態系の各レベルで生物多様性を保全することが世界の共通認識となり、自然を守る考え方も、これまでの特定の種や場所を保全していく考え方から、各地域でそこに生息・生育してきた全ての種が棲み続けられるように、自然を保全・再生していく考え方へと転換しています。

　さらに、日本は50年後には人口が7～8割まで減少すると予測されている人口減少時代を迎えています。地域が活力を維持していくためには、住民が自らの地域や暮らしに誇りと愛着を持ちながら住み続けるまちにすることや、地域の個性を強くアピールし、訪れてみたい、住んでみたいまちとしていくこと、さらには、地域の個性を活かして、それを経済振興につなげることが必要とされています。また、東日本大震災を契機に、多くの人が人と人とのつながりや安全・安心なくらしを重視し、物の豊かさよりも心の豊かさを求めるようになっていることも大きな変化です。観光の形態もかつての団体で観光地を巡るものから、個人や家族単位による、体験や地域の人との交流を通じて心の豊かさを感じることのできるものへの要望が高まっています。

このように、これからの時代には、環境問題への対応や、個性を活かした魅力的な地域づくり、心の豊かさを感じる暮らしや観光の振興などが求められています。飯能市では、地域の個性と魅力の源である自然を保全し、人と自然に育まれてきた文化を継承しながら、これらを有効に活用することにより、多くの人に心の豊かさと感動を与える場と出会いを提供するとともに、これを地域の活力につなげていくことを目的として、エコツーリズムを推進します。

2）推進に当たっての現状と課題

飯能市では、環境省エコツーリズム推進モデル地区への指定を契機として平成16年度からエコツーリズムを推進してきました。エコツーリズム推進の仕組みの構築やエコツアーのプログラムづくりに取り組み、その結果、現在では地域住民や地域のNPOなどの主催により年間100回を超えるエコツアーが実施されています。

これまでの取り組みを踏まえ、今後のエコツーリズムの推進における主な課題を次に示します。

① 参加者やツアー実施者の環境への意識を高めるとともに、自然の保全と文化の継承に役立つエコツアーを実施する

飯能市では自然や文化、歴史などをテーマとしたエコツアーが行われています。ツアーの内容が幅広いことは、参加者にさまざまな楽しみを提供する一方で、エコツーリズムの意義である自然の保全と文化を継承していく意識が希薄になる可能性があり、その点に十分な配慮をすることが必要になります。

そこで、自然再生活動や外来生物の駆除への参加など、自然の保全・再生に直接的に役立つツアーや、地域で育まれてきた生活の知恵や技術を学ぶツアーなどの充実を図ることが望まれます。また、参加者の環境への意識を高めるためには、ツアー実施者の環境保全意識の向上や環境教育が欠かせません。さらに、自然を保全し文化を継承するための基金の創設や、他部局との連携、自然観光資源のモニタリングの実施体制の改善なども課題となっています。

② より多様で、参加者の満足度が高いエコツアーを増やす

飯能市のエコツーリズムを発展させながら継続していくためには、多様な興味や関心を持った参加者のニーズを満たしながら、参加者の満足度の高いエコツアーを実施していくことが必要です。

そのためには、1年を通じて飯能を繰り返し訪れてもらえるシリーズ型ツアー、ゆっくりと地域の魅力を堪能できる宿泊滞在型のツアー、一度に多くの人にエコツーリズムの魅力にふれてもらえるツアー、遠足で訪れる小学校や団体を対象としたツアーなどの充実を図るとともに、来訪者が現地で申し込み、参加できる事前申し込み不要のツアーなどの実施体制を構築することが望まれます。また、参加者の満足度の高いツアーを実施していくために、ツアー実施者をはじめとする関係者間で問題点を共有し、ツアーの改善に役立てる仕組みの充実が課題となっています。

③ より多くの住民が関わりながら、エコツーリズムを継続的に発展させる

飯能市のエコツアーは、地域住民が主体となって企画・実施することを基本としています。そのため、飯能市エコツーリズムを発展させるためには、より多くの住民にエコツーリズムに関わってもらうことが必要です。

そこで、現在実施しているガイド養成講座の内容を改善したり、新たな人材確

保のための仕組みを導入したりするとともに、広く地域住民が協力できるツアーを増やすことにより、住民参加の充実を図ることが望まれます。また、中核的な組織の設置によりツアー実施者がツアーを実施しやすい体制をつくることや、ツアー実施者間の連携・相互協力体制づくり、ツアーにからめた地域振興策の拡充なども課題となっています。

3）推進の基本的な方針

前述したエコツーリズム推進の目的に基づき、飯能市エコツーリズムでは、飯能市エコツーリズムの推進によって目指す地域の姿を、

> 自然・文化・人のつながりによって
> 発展する活力ある地域

とします。また、これを実現するために次の3つの基本方針に基づいて事業を推進していきます。

> **基本方針1**
> すべての地域と住民の参加により、地元への誇りと愛着を育みます
>
> **基本方針2**
> 訪れるたびに新たな発見や変化のある楽しく満足できるエコツアーを提供します
>
> **基本方針3**
> 飯能市の自然を保全・再生し、文化を継承して将来へ伝えます

さらに、飯能市を特徴づけている山地から平地にかけての多様な自然や、そこで育まれてきた文化、都心から1時間という利便性などを活かすために、本市においてエコツアーを企画・実施する際の要点を「10の推進のポイント」として設定します。

■飯能市エコツーリズムにおける10の推進のポイント

ポイント1　住民が誇りとするふるさとの風景の保全・再生に活かす

エコツーリズムをきっかけとして、農地と森林が一体となった里地・里山や、緑豊かな川の織り成す美しい風景、郷愁を誘う山あいの集落の風景、まちなかや街道沿いの伝統的なまちなみなど、住民が誇りとする飯能市のふるさとの風景を保全・再生します。

ポイント2　自然を守り育む森づくりにつなげる

飯能市は森林が概ね4分の3を占め、その8割が人工林ですが、管理が行われない林も多くなっています。近年、森林には多様な役割（野生生物の生息場所、二酸化炭素の吸収、土の流出防止、水源の涵養、保健休養など）が求められていることから、エコツーリズムを、自然を守り育む森づくりのきっかけとします。

ポイント3　飯能市の森林文化を新たな地域の発展に活かす

飯能市では、江戸時代から続く西川材の産地として森林文化が育まれてきました。こうした森林文化を、現代に求められている環境保全や、安全、健康な暮らしづくりなどに適用することよって、新たな地域の発展に活かします。

ポイント4　源流から中流までの親しみ深い川の自然と文化を活かす

飯能市の大きな魅力の一つとして、源流から中流までの変化に富み、親しみ深い川の自然があります。訪れた人がこう

した川の自然に触れ、楽しむ機会をエコツーリズムによって提供するとともに、川遊びをはじめとする、川とともに育まれてきた文化を活かします。

ポイント5　さまざまな野生生物の魅力や人との関わりを題材とする

飯能市は里地・里山から山地にかけてさまざまな野生生物が生息・生育しています。これらの野生生物の魅力や人との関わりを題材にしたエコツアーを地域振興や野生生物の適切な保護と管理に役立てます。

ポイント6　身近な自然を保全・再生し、自然豊かなまちづくりに役立てる

飯能市の代表的な自然である雑木林や湿地などの里地・里山の身近な自然や、生物の豊かな河川を保全・再生するエコツアーを実施し、飯能市を身近に豊かな自然があるまちにすることに役立てます。また、エコツーリズムを、自然の保全・再生を進める新たな活動を生み出すきっかけとします。

ポイント7　地域の生活文化や年中行事などの伝統を活かす

衣食住をはじめとする地域の生活文化や年中行事などの伝統は、そこに暮らす人にとっては当たり前のものでも、観光客にとっては魅力的なものです。また、かつて行われていた焼き畑による雑穀づくりや炭焼きなども、健康志向の現代になって再び注目されています。こうした里地・里山の生活文化や伝統をエコツーリズムに活かします。

ポイント8　長い年月をかけて培われた伝統的な技術を新たな時代に活かす

織物や陶芸、森の管理技術や農業の技術など、飯能の自然と人によって育まれ、伝えられてきた技術を、エコツーリズムに取り入れることによって新たな時代の地域経済や地域産業の発展に活かします。

ポイント9　地域住民の全員参加により、一人ひとりの個性を活かす

飯能市では、生活文化や伝統をエコツーリズムの資源とすることによって、特別な知識や技術を持つ人だけでなく、誰もがガイドになれるエコツーリズムを進め、地域住民の全員参加によって、一人ひとりの個性を観光と地域振興に活かします。さらに、住民が地域の共生と循環の文化を再発見し、自らの暮らしかたを再考するきっかけとします。

ポイント10　繰り返し訪れたり宿泊したりすることで地域の魅力を堪能できるエコツアーを用意し、飯能のファンを増やす

地域の資源を活かした多様なエコツアーを用意し、繰り返し訪れたくなる魅力をつくります。また、地域の自然や文化、人との交流をゆっくりと堪能できる宿泊滞在型のエコツアーの充実を図り、飯能のファンを増やします。

（2）推進する地域
1）推進する地域の範囲及び設定に当たっての考え方

区分	対象
動植物の生息域その他の自然環境に係るもの	動植物 動植物の生息地・生育地 地形・地質 自然景観
自然環境と密接な関係を有する風俗習慣その他の伝統的な生活文化に係るもの	史跡 伝統文化 生活文化 伝統的な産業

自然観光資源のうち、自然の保全や文化の継承に重要な問題が生じる可能性があるものについては、特定自然観光資源への指定を検討します。

3　飯能市エコツーリズムの実施の方法

（1）ルール

飯能市エコツーリズムの基本方針を実現するとともに、地域住民の生活環境や参加者の安全などを確保し、よりよいエコツアーを継続していくために、飯能市エコツーリズムのルール（地域の取り決め）を設定します。ルールは、飯能市エコツーリズム推進協議会やエコツアー実施者、エコツアー参加者が互いに協力しながら守るように努めるものとします。

1）ルールによって保護する対象

ルール（地域の取り決め）によって保護する対象は、エコツーリズムで活用する自然や文化、歴史などの自然観光資源及び環境全般とし、以下の3つを設定します。

> A　野生動植物及び野生動植物の生息地・生育地など
> B　史跡、伝統文化など
> C　地球環境やエネルギーなどの環境全般

また、エコツアーの実施にあたって守る必要がある、地域住民の生活環境や参加者の安全のほか、参加者の満足度を高めるためのエコツアーの質も、ルールの対象として設定します。

> D　地域住民の生活環境
> E　参加者の安全
> F　エコツアーの質

2）ルールの内容及び設定理由

保護する対象ごとのルールとその設定理由を示します。

A　野生動植物及び野生動植物の生息地・生育地など

> **A-1**　実施者は、在来の野生動植物の捕獲・採取を、有害鳥獣に指定された動物以外は原則として行わないようにし、昆虫や川の生きものなどを観察のために捕獲した場合は観察後に元の場所に戻しましょう。特に、環境省や埼玉県の「レッドデータブック」に記載されている生きものについては、捕獲・採取は、行わないように留意しましょう。また、里地・里山の生活文化体験では、野草や山菜、魚などを採取する場合がありますが、その場合も、採取する量は必要最小限にとどめ、資源を根絶やしにしないようにしましょう。参加者は、実施者に許可されたもの以外の野生動植物の捕獲・採取は行わないようにしましょう。

【設定理由】

在来の野生動植物は、生態系の一員として相互に関係を持ちながら生息・生育しているため、増えすぎて農林漁業被害を与えて有害鳥獣に指定された動物を除き、希少種のみならず、他の種も保護していく必要があります。ただし、エコツアーでは、地域の生活文化体験としての野草摘みや山菜採り、魚採りのほか、環境教育のための一時捕獲も想定されます。これらについては、再生可能な限界を越えて過剰に採取・捕獲をすると衰退や絶滅を招くことから、必要最小限に留め、資源を根絶やしにしないようにする必要があります。上記理由から、本項目を設定します。

A-2 里地・里山の生活文化体験で、ヨモギをはじめとする野草やワラビ、タラノメなどの山菜、ヤマノイモ、タケノコなどを採取する場合には、実施者は、事前に土地所有者の了解を得ましょう。

【設定理由】
　野草や山菜、タケノコは土地所有者の所有物であり、採取に当たっては土地所有者の了解を得る必要があることから設定します。

A-3 里山に生育するキンラン、ギンラン、カタクリなどの花の美しい植物や、カントウカンアオイ、オオムラサキなどの希少な動植物は、盗掘や採集、密猟が絶滅の要因になっています。また、多くの人が観察や写真撮影に集まると生息・生育環境が悪化する恐れがあります。これを防止するため、実施者は、ツアー中に、特に希少性の高い動植物の生息地・生育地は特定できないように配慮をするとともに、参加者に地元で大切に守っていることを理解してもらいましょう。

【設定理由】
　里山に生育する花が美しい植物や希少な動植物などは、園芸目的の盗掘や採集、密猟が絶滅の要因となっています。また、多くの人が観察や写真撮影に集まると生息・生育環境が悪化する恐れがあり、保護のために生息地・生育地の情報管理が必要であることから設定します。

A-4 動植物の観察をするツアーでは、実施者は、野生動植物の生息・生育環境に悪影響を与えないように観察方法や観察場所を工夫するとともに、参加者に注意を促しましょう。また、参加者は実施者の注意を守りましょう。

【設定理由】
　例えば、ムササビは、巣の周辺での大きな音や振動、夜間の光などが、オオタカをはじめとする鳥類は巣の周辺での音や振動、巣への人の接近などが生息に悪影響を与える可能性があります。また、ゲンジボタル、ヘイケボタルは夜間の光が繁殖に、巨木をはじめとする植物は、根の踏みつけが生育に悪影響を与える可能性があります。こうした野生動植物への悪影響を防ぐために設定します。

A-5 実施者は、野生動物に餌付けをしないようにしましょう。参加者も野生動物に餌を与えないようにしましょう。

【設定理由】
　野生動物を観察するために餌付けをしたり、野生動物に餌を与えると、動物の行動範囲が変わったり、自分で餌をとらなくなったりすることから、これを防止するために設定します。

A-6 ツアー参加者数が多くなると、野生動植物の生息・生育環境への影響が大きくなります。実施者は、野生動植物の生息・生育環境への悪影響が出ないようにツアー参加人数を設定しましょう。また、モニタリング及び評価の結果からツアー参加人数について見直しを行いましょう。

【設定理由】
　巨木観察による根の踏みつけの影響や、湿地への立ち入りによる土の踏み固めなど、ツアー参加者数が多くなると野生動植物の生息・生育環境への悪影響が

大きくなります。これを回避するためには、ツアー参加人数を制限することが必要であることから設定します。

> A-7　雑木林や谷津の湿地などの里地・里山の自然は人の手が入ることによって守られ、維持されてきたことから、飯能市では樹林管理や、湿地環境の復元などの環境管理を行うエコツアーの実施が望まれます。しかし、管理方法によっては、動植物へ悪影響を与えることも考えられることから、自然を保全する環境管理の実施にあたって、実施者は、動植物の専門家の助言を得るようにしましょう。

【設定理由】
　湿地環境の復元や、樹林管理などの環境管理は、自然環境を保全・再生するエコツアーとして実施が望まれるものですが、管理方法によっては動植物へ悪影響を与える可能性もあることから、これを防ぐために設定します。

> A-8　他地域産のホタルや魚の放流、他地域産の植物を自然の中へ移植することは、地域本来の自然の喪失につながります。実施者は、その種自らが移動可能な範囲を越えて、動植物を持ち込んだり、移動させることがないようにしましょう。

【設定理由】
　他地域からの動植物の導入は、遺伝子レベルの生物多様性の喪失につながることから、これを防ぐために設定します。

> A-9　ブラックバスをはじめとする外来生物の移入や増殖は、地域本来の自然の喪失や農林水産業などへの悪影響があることから、実施者は外来生物の移入や増殖を予防・防止するようにしましょう。

【設定理由】
　特定外来生物や要注意外来生物をはじめとする外来生物は、地域本来の生態系に影響を与えるほか、人の生命・身体や農林水産業などへの影響もあることから、移入や増殖を防ぐために設定します。

> A-10　飯能市の自然の特徴である清流を守るために、実施者は、河川敷で直火を使用しないようにするとともに、調理で使用した油が川に流れないようにしましょう。また、河川敷への車の乗り入れを行わないようにしましょう。

【設定理由】
　エコツアーの実施によって、飯能市の自然の特徴である清流を汚すことがないように設定します。

> A-11　入間川源流部の「苔の石段」と「ウノタワ」は人の踏みつけによる影響を受けやすいことから、実施者は、苔の石段については立ち入りしない、また、ウノタワは、影響が生じないように立ち入りの人数や立ち入り場所を制限するといった配慮をしましょう。

【設定理由】
　現在は、利用者数が少ないので大きな影響は生じていませんが、今後利用者数が増加した場合に影響を受ける可能性が高いことから本ルールを設定します。

> A-12　春の里山を彩るカタクリやシュンラン、イカリソウなどの春植物の群落は市内各地に点在していますが、十分な保全が図られていない状

況です。実施者は、盗掘に注意するとともに、エコツアーで環境管理を行うことにより保全を図りましょう。

【設定理由】
　カタクリやシュンラン、イカリソウなどの春植物群落は、現在エコツアーでの利用は少ないので、大きな影響は生じていませんが、今後利用者数が増加した場合に影響を受ける可能性が高く、また、エコツアーをその保全に役立てることが望まれることから本ルールを設定します。

A-13　参加者は、樹木や地層、岩などに傷をつけたり、落書きをしたり、持ち去ったりしないようにしましょう。実施者は、参加者がこれらの行為をしないように注意を促しましょう。

【設定理由】
　自然観光資源を守り、大切にすることは、エコツーリズムの基本姿勢であることから設定します。

B　史跡、伝統文化など

B-1　参加者は、史跡や建物などに傷をつけたり落書きをしたりしないようにしましょう。実施者は、参加者がこれらの行為をしないように注意を促しましょう。

【設定理由】
　資源を守り、大切にすることは、エコツーリズムの基本姿勢であることから設定します。

B-2　実施者、参加者ともに、飯能に伝わる伝統文化を尊重し、エコツアーでの活用が伝統文化を変えないように留意しましょう。

【設定理由】
　獅子舞や祭りなどの長年受け継がれてきた地域の伝統文化が、エコツアーで活用されることによって大きく変わることがないようにするために設定します。

B-3　実施者・参加者は、地域の人がもっている資料を見たり、触ったりする時は、それを傷めないように丁寧に取扱いましょう。また実施者は、それらの借用はできるだけ避け、コピーを取ったり、写真を撮影する時は所蔵者の了解を得て、エコツアー以外の目的で使用しないようにしましょう。

【設定理由】
　エコツアーを継続させていくためには、地域の歴史資料が確実に後世に伝えられていかなくてはなりません。そのためには、利用する側が丁寧に取り扱い、できるだけ場所を動かさないことや、みだりに借用しないようにする必要があります。また、歴史資料（特に写真や美術品など）のコピーや写真などがエコツアー以外の場所で利用されると、予想しない用途で使われる場合もあることから設定します。

C　地球環境やエネルギーなどの環境全般

C-1　西川材を利用した木製品や、地元で栽培された野菜などの地元産品の利用は環境保全や地場産業の振興につながることから、実施者はエコツアーでその利用を進めましょう。また、環境への負荷が少ない製品を使用しましょう。

【設定理由】
　西川材を利用した木製品や、地元で栽培された野菜などの地元産品の使用は、

地産地消を促進し、輸送エネルギーや農薬の使用削減、森林管理の促進による二酸化炭素の吸収や生物多様性の保全など、環境保全につながるとともに、地場産業振興にも役立ちます。また、再利用が可能な食器や環境に配慮した洗剤など、できるだけ環境への負荷が少ない製品を使用することにより、環境を保全するというエコツーリズムの考え方を実践することになるため、本ルールを設定します。

> C-2　実施者は、ごみの排出を極力抑えましょう。また、参加者はごみを捨てずに持ち帰りましょう。

【設定理由】
ごみの排出は、最終的に二酸化炭素の増加をはじめとする環境負荷の増加につながります。また、ごみの持ち帰りはごみの排出を抑制する意識の向上に役立つことから設定します。

> C-3　実施者は、参加者に公共交通機関の利用を働きかけるとともに、公共交通機関の利用を考慮したスケジュールや行程を考えましょう。また、参加者は公共交通機関の利用に努めましょう。

【設定理由】
電車やバスは、自家用車と比較して単位輸送量当たりの二酸化炭素の排出量が少なく、また、バス路線の存続は、高齢者や子どもの日常の移動手段を確保するとともに、地域の活性化にも役立つことから設定します。

> C-4　実施者は、参加者にエコツーリズムの目的や考え方、ルールについて理解してもらうようにしましょう。

【設定理由】
エコツアー参加者に「自然の保全と文化の継承」をはじめとするエコツーリズムの目的や考え方、ルールを理解してもらうことにより、環境保全への認識や理解が深まると考えられます。また、参加者に説明することによりエコツアー実施者自身も環境保全について再確認することになることから設定します。

D　地域住民の生活環境

> D-1　飯能市のエコツアーは、住民の生活の場で行われるものが多いことから、住民の生活環境や営農環境を守るために、実施者は、住宅の敷地や農地などに立ち入る場合には、事前に承諾を得るようにしましょう。また、参加者はガイドの案内なく住宅の敷地や農地などに立ち入らないようにしましょう。

【設定理由】
地域住民の生活環境や営農環境を守るために、許可無く住宅の敷地や農地に立ち入ることがないように設定します。

> D-2　実施者は、エコツアーの実施日時や目的について、事前に地域住民に説明し、エコツアーへの理解を得るようにしましょう。

【設定理由】
エコツアーは、案内を受けながら団体で行動するため、突然目にした住民は警戒心や反感を持つ可能性があります。こうした事態を防ぐために本ルールを設定します。また、事前に説明することは、地域住民にエコツアーに興味を持ってもらい、参加を促す効果もあることから設定します。

E 参加者の安全

E-1 実施者は、保険に加入し、保障内容を参加者に事前に明示するとともに、緊急時の連絡先や対応を明確にしておきましょう。特に、休日は担当医が平日と異なることがあるため注意しましょう。

【設定理由】
　事故や急病の際の参加者の安全を確保するとともに、事故の際の実施者の負担を軽減するために設定します。また、ツアーは休日に行われることが多いことから、休日の連絡先を確認する必要があることから設定します。

E-2 実施者は、事前に下見をして、ツアー中に発生する可能性がある危険を把握し、必要に応じて危険箇所を回避するためのルート変更を行いましょう。また、ツアー実施前や実施中に、発生する可能性がある危険を参加者に説明し、注意を喚起するとともに、必要な資材を準備し、ツアー中の参加者の安全を確保しましょう。参加者は実施者の注意にしたがって行動しましょう。

【設定理由】
　ツアー中の事故を防ぎ、参加者の安全を確保するために設定します。

E-3 実施者は、ツアー中のけがや虫刺されなどに備え、救急医療品を用意しましょう。

【設定理由】
　参加者がツアー中にけがをしたり、虫に刺されたりした際に、救急医療を可能とするために設定します。

E-4 実施者は、服装や持ち物を事前に参加者に知らせましょう。参加者は、ツアーの内容に適した服装や持ち物を考えて参加しましょう。

【設定理由】
　ツアー中の参加者の安全を確保するためには、服装や持ち物も重要であることから設定します。

F エコツアーの質

F-1 実施者は、エコツアーの内容を、飯能市エコツーリズムの基本方針や10の推進のポイント、飯能市のエコツアー実施の基本的な考え方に整合させ、飯能市らしいエコツアーを行いましょう。

【設定理由】
　多様な主体によるエコツアーが、飯能市エコツーリズムの目指すエコツアーに整合するように設定します。

F-2 実施者は、エコツアーの内容を考慮し、参加者全員が楽しめるように人数を設定しましょう。

【設定理由】
　エコツアーは、参加人数が適正人数を超えると、参加者全員に目が行き届かないことや、案内が十分に行えないことなどの問題が生じることから、各ツアーの適正な人数を守るために設定します。

F-3 実施者は、準備を十分に行うとともに、募集の際に提示した事項を守りましょう。

【設定理由】
　エコツアーは、参加費収益を得ながらサービスを提供するものです。参加者に満足を与えながら、事業を継続していくためには、十分なサービスを提供するた

めの準備を行うことや、募集の際に提示した事項を守るなどの基本が重要であることから本ルールを設定します。

> F-4　実施者は、ツアー開始時にスケジュールや目的について説明を行いましょう。また、ツアー終了時に総括と挨拶を行いましょう。

【設定理由】
　参加者に安心してツアーを楽しんでもらうためには、一日のスケジュールを知らせておく必要があります。また、ツアーの意義を高めるためには、目的について説明し、参加者の意識を高めることが望まれます。さらに、ツアー終了時に目的を再確認しながら総括と挨拶を行うことにより、飯能市の自然や文化に対する理解や、環境教育効果の向上が期待されることから、本ルールを設定します。
　次は、ルールではなくマナーですが、エコツアーの質を確保するために欠かせないことから設定します。

> F-5　実施者は「おもてなしの心」と「気づかい」を持ちましょう。

【設定理由】
　飯能市のエコツアーは、人と人とのふれあいと体験によって感動を与える旅であることから、その基本である「おもてなしの心」と「気づかい」を忘れないようにするために設定します。

3）ルールを適用する区域
　飯能市エコツーリズムでは、地域の全域で多様なエコツアーを行うことから、ルールを適用する区域は飯能市全域とします。

4）ルールの運用に当たっての実効性確保の方法
　次の方法でルールの実効性を確保します。

①事前協議制度の適用
　エコツアーの内容がルールに適合したものとなるように、エコツアーの企画段階でツアー実施者と事務局が協議を行います。
②チェックシートやエコツアー実施の手引きの活用
　エコツアーの企画段階で、チェックシートやエコツアー実施の手引きなどを用いて、ツアー実施者自身がチェックを行います。
③エコツアー開始前の参加者への説明
　参加者に対しては、エコツアーの開始前に、ツアー中に守るべきルールの説明を行います。これによって参加者にルールを守ってもらうとともに、参加者からもルールの順守状況をチェックしてもらえるようにします。
④エコツアー実施後のセルフチェック
　ツアー実施後に、ルールが守られていたかを、チェックシートを用いてツアー実施者自身や事務局等の第三者によるチェックを行います。
⑤ルールの見直し
　本全体構想の見直しにあわせて、本ルールの実効性や追加の必要性などを検討し、必要に応じて見直しを行います。また、本ルールによる自然観光資源の保全が困難と判断された場合には、特定自然観光資源への指定による立ち入り制限について検討します。

（2）案内（ガイダンス）及びプログラム
1）地域におけるエコツアー実施の基本的な考え方
　飯能市で実施するエコツアーは、地域に内在する多様な自然や文化を対象とし、旅行者と住民との交流や体験を通じて、旅行者に楽しみを提供するとともに、旅行者も住民とともに地域の自然や文化

を大切にしていくものとします。
　この考えに基づいて、飯能市の目指すエコツアーは、

> 「人とのふれあい」と「体験」によって地域の自然と文化を、楽しみ、慈しむエコツアー

とします。
　また、飯能市エコツーリズムでは、次の点を原則としてエコツアーを実施します。

> ・自然の保全と文化の継承に役立つこと
> ・地域の自然や文化が題材になっていること
> ・住民が地域の良さを再発見すること
> ・旅行者や住民の考え方や行動が自然や環境と調和したものになること

2）主な案内（ガイダンス）及びプログラムの内容

　一般的に案内の方法には、直接参加者を案内する方法のほかに、解説板やパンフレットによる間接的な方法があります。飯能市エコツーリズムの案内の方法は、人と人とのふれあいを重視し、主として、ガイドが直接解説したり、体験の指導をする方法としながら、補助的に間接的な案内方法を用いるものとします。
　次に、本市で実施するエコツアーのプログラムの内容を「10の推進のポイント」に沿って整理しました。ここに示したツアーは、過去に飯能市で実施されたエコツアーの内容を基本として、今後、実施が期待されるツアーを追加したものです。
　なお、エコツアーの企画・実施においては、ここに示した内容を組み合わせて、参加者に楽しみや感動を与えるツアーとしていくことが望まれます。また、ここに示したプログラムの内容は、本市で実施する全てのプログラムを示したものではありません。飯能市エコツーリズムを発展させていくためには、これらを参考としながら、新たな自然観光資源を活用した魅力的なプログラムをつくることが望まれます。

①住民が誇りとするふるさとの風景の保全・再生に活かすエコツアー

> エコツーリズムをきっかけとして、農地と森林が一体となった里地・里山や、緑豊かな川の織り成す美しい風景、郷愁を誘うやまあいの集落の風景、まちなかや街道沿いの伝統的なまちなみなど、住民が誇りとする飯能市のふるさとの風景を保全・再生します。

【主なプログラム】
・神社の紅葉を楽しむ
・湿地の再生や雑木林の管理などによって、かつての里山の風景を再生する
・古民家をはじめとする伝統的な建造物を巡り、そこで営まれてきた暮らしについて考える
・地域の史跡を巡る
・古い木造校舎や校庭で体験を行う
・古民家や庭で体験を行う
・山間の集落の家々や史跡、畑などを巡る
・かつての表参道の跡をたどりながら歩く

②自然を守り育む森づくりにつなげるエコツアー

> 飯能市は森林が概ね４分の３を占め、その８割が人工林ですが、管理が行われない林も多くなっています。近年、森林には多様な役割（野生生物の生息場所、二酸化炭素の吸収、土の流出防止、水源の涵養、保健休養など）が求められていることから、エコツーリズムを、自然を守り育む森づくりのきっかけとします。

【主なプログラム】
・間伐により森林の環境保全機能を高める
・管理の行われなくなった人工林を広葉樹の森に転換することによって生物多様性の向上及び、二酸化炭素の固定を図る

③飯能市の森林文化を新たな地域の発展に活かすエコツアー

> 飯能市では、江戸時代から続く西川材の産地として森林文化が育まれてきました。こうした森林文化を、現代に求められている環境保全や、安全、健康な暮らしづくりなどに適用することによって、新たな地域の発展に活かします。

【主なプログラム】
・西川材の利用や西川材を使った家づくりを知る
・西川材で作ったカヌーを活用する
・間伐材を活用した家具づくりを行う
・伝統的な炭焼きを体験する

④源流から中流までの親しみ深い川の自然と文化を活かすエコツアー

> 飯能市の大きな魅力の一つとして、源流から中流までの変化に富み、親しみ深い川の自然があります。訪れた人がこうした川の自然に触れ、楽しむ機会をエコツーリズムによって提供するとともに、川遊びをはじめとする、川とともに育まれてきた文化を活かします。

【主なプログラム】
・伝統的な箱めがねで、川の中をのぞく
・竹の水鉄砲をつくり、川遊びをする
・川での伝統的な遊びや伝統漁法を体験する
・入間川や高麗川の源流を訪ね、上下流のつながりや水の大切さについて考える
・川にまつわる伝説を聞き、伝説の地を訪ねる
・橋や堰などの川にまつわる遺構を訪ねる
・いかだ下りや水車などによって、川と地域の係わりや川にまつわる歴史を知る
・川の中を歩きながら、水辺の生態系について学ぶ

⑤身近な自然を保全・再生し、自然豊かなまちづくりに役立てるエコツアー

> 飯能市の代表的な自然である雑木林や湿地などの里地・里山の身近な自然や、生物の豊かな河川を保全・再生するエコツアーを実施し、飯能市を身近に豊かな自然があるまちにすることに役立てます。また、エコツーリズムを、自然の保全・再生を進める新たな活動を生み出すきっかけとします。

【主なプログラム】
・管理によって谷津の湿地環境を再生する
・特定外来生物を駆除し、生物多様性を守る
・鳥や昆虫などの生物と共生する庭のつくり方を学ぶ
・スギ・ヒノキの伐採によって暗くなった沢を明るくし、多様な生物が生息できる水辺を再生する
・ホタルの繁殖に適した河川環境を再生する

⑥さまざまな野生生物の魅力や人との関わりを題材とするエコツアー

> 飯能市は里地・里山から山地にかけてさまざまな野生生物が生息・生育しています。これらの野生生物の魅力や人との関わりを題材にしたエコツアーを地域振興や野生生物の適切な保護と管理に役立てます。

【主なプログラム】
・ブナやタブノキなどの巨木を訪ねる
・身近な昆虫について解説を受けながら地域を巡る
・動植物について解説を受けながら里山を巡る
・魚や水生昆虫などの川の生き物を観察する
・カモシカやツキノワグマなどの大型哺乳類の生態を知る
・ホタルを観賞する
・コウモリやムササビなどの夜の生物を観察する
・カタクリやカントウカンアオイなどの野生の草花を知り、楽しむ
・野草や樹木の葉、山になる果実などを知り、楽しむ
・獣害や外来生物の増加など、野生生物をめぐる問題について知る

⑦地域の生活文化や年中行事などの伝統を活かすエコツアー

衣食住をはじめとする地域の生活文化や年中行事などの伝統は、そこに暮らす人にとっては当たり前のものでも、観光客にとっては魅力的なものです。また、かつて行われていた雑穀づくりや炭焼きなども、健康志向の現代になって再び注目されています。こうした里地・里山の生活文化や伝統をエコツーリズムに活かします。

【主なプログラム】
・伝説を聞き、伝説の地を訪ねる
・伝統食づくりを楽しみ、味わう
・ガイドの案内により獅子舞や地域の祭りなどを深く知る
・ぞうりや伝統的な遊び道具のつくり方を体験する
・雨乞いをはじめとする地域の風習を知る
・野菜の植え付けや収穫、シイタケのこま打ち、タケノコ掘りなどの伝統的な農業を体験する
・竹馬、竹とんぼ、竹の水鉄砲などの昔遊びを楽しむ
・雑穀づくりを体験する
・お寺で座禅を体験する
・老舗を巡る
・ユズをはじめとする特産品でジャムをつくる
・ひな祭りやお月見などの伝統行事を楽しむ

⑧長い年月をかけて培われた伝統技術や技能を新たな時代に活かすエコツアー

織物や陶芸、森の管理技術や農業の技術など、飯能の自然と人によって育まれ、伝えられてきた伝統技術や技能を、エコツーリズムに取り入れることによって新たな時代の地域経済や地域産業の発展に活かします。

【主なプログラム】
・酒蔵を見学し、自然と伝統産業について考える
・西川材を使った木工を体験する
・植林を体験する
・茶摘みや製茶を体験する
・伝統的な窯を使って焼く陶芸を体験する
・伝統的な炭焼きを体験する

⑨地域住民の全員参加により、一人ひとりの個性を活かすエコツアー

飯能市では、生活文化や伝統をエコツーリズムの資源とすることによって、特別な知識や技術を持つ人だけでなく、誰もがガイドになれるエコツーリズムを進め、地域住民の全員参加によって一人ひとりの個性を観光と地域振興に活かします。さらに、住民が地域の共生と循環の文化を再

> 発見し、自らの暮らしかたを再考するきっかけとします。

【主なプログラム】
・山間の集落の家々を訪ね、住民とのふれあいを楽しむ
・ガイドの案内により獅子舞や地域の祭りなどを深く知る
・野菜の収穫や郷土の伝統料理づくりなど、地域の生活文化を体験する
・昔の衣食住について学び、これからの暮らしかたについて考える

⑩繰り返し訪れたり宿泊したりすることで地域の魅力を堪能できるエコツアー

> 地域の資源を活かした多様なエコツアーを用意し、繰り返し訪れたくなる魅力をつくります。また、地域の自然や文化、人との交流をゆっくりと堪能できる宿泊滞在型のエコツアーの充実を図り、飯能のファンを増やします。

【主なプログラム】
・ガイドの案内により、半日でまちなかの魅力を気軽に楽しむ
・山の奥深くまで分け入り、日常では得難い自然体験を楽しむ
・伝統的な野菜の種まき・手入れ・収穫という一連の活動を、季節ごとに体験する
・宿泊をすることにより、夜間のナイトハイクや早朝の野鳥観察を楽しむ
・農家での宿泊により、人と自然のつながりや食について考える

3）実施される場所

エコツアーで活用できる自然観光資源は、市内全域に内在しています。基本方針の一つである「すべての地域と住民の参加」を実現するために、飯能市のエコツアーは、地域の自然観光資源を掘り起こし、それを活かして飯能市全域で実施していくものとします。

4）プログラムの実施主体

飯能市エコツーリズムでは、地域の自然や文化を、地域の人がガイドすることを基本としています。そのため、飯能市を主な活動場所とする人や団体がプログラムの実施主体となります。団体は、住民団体やNPOなどの特定の目的のために活動している団体、民宿などの地元企業が想定され、これらの様々な実施主体が幅広くエコツアーを企画・実施していくものとします。また、その際、全てのエコツアーができるだけ多くの地域住民の参加・協力を得るものとします。

5）プログラムのモニタリングと改善

参加者に高い満足を与える質の高いエコツアーを継続的に実施していくためには、エコツアーのモニタリング（継続的な点検）を行い、その結果を基に改善していくことが必要です。そこで、ツアー実施後に参加者と実施者双方にアンケート調査を行い、満足度や課題などを把握します。アンケートの結果は、推進協議会において、専門家から改善のアドバイスを受けるとともに、ツアー実施者が共有します。

また、後述する、自然観光資源のモニタリング及び評価の結果を受けてプログラムを改善します。

（3）自然観光資源のモニタリング及び評価

飯能市エコツーリズムでは、エコツアーで活用されている自然観光資源の状況についてモニタリング（継続的な点検）を行い、必要に応じて改善することにより、自然観光資源の保全を図ります。

1）モニタリングの対象と方法

モニタリングの対象は次に示す5つとします。対象ごとのモニタリングの方法

を示します。
① 動植物
　ツアー実施者がエコツアーの下見や実施の際に確認した動植物（希少種、特定外来生物、要注意外来生物など）を事務局に報告します。

> 【主な報告内容】
> ・種名
> ・確認日時
> ・確認場所
> ・確認数と数の増減
> ・確認状況（動物：目撃、声、巣、足跡、糞、死体など）
> 　（植物：生育環境、開花結実状況、活力度など）
> ・盗掘や密猟（野草の掘り採り、野鳥の捕獲など）
> ・根の周囲の土の固さ（樹木の場合）
> ・地域住民の声（農作物の被害、生活への影響など）

② エコツアーで活用頻度の高い動植物の生息地・生育地
　毎年、専門家が指標となる動植物の生息・生育状況や植生、改変状況などを調査します。

> 【主な調査内容】
> ・指標動物の生息数と確認場所
> ・指標植物の生育数と分布範囲
> ・植生
> ・改変状況（造成、廃棄物の投棄、踏み荒らしなど）
> ※指標動植物は、調査区域ごとに設定する。

③ 森林環境
　ツアー実施者がエコツアーの下見や実施の際に把握した情報や変化、問題点を事務局に報告します。

> 【主な報告内容】
> ・確認日時
> ・確認場所
> ・伐採
> ・タケやササの侵入
> ・林床の裸地化
> ・枯損木
> ・道以外の踏み荒らし
> ・ゴミの投棄

④ 河川環境
　エコツアーで、ツアー実施者が参加者とともに水質について簡易調査を行い、結果を事務局に報告します。

> 【主な報告内容】
> ・確認日時
> ・確認場所
> ・確認場所の状況（川幅、水深、水温、流れのはやさ、川底の状態）
> ・見られた動植物（魚、鳥、水草など）
> ・指標生物の種類と数
> ・水質（pH、COD）
> ・水のにごり、におい、油膜の有無
> ・ゴミの投棄

⑤ その他の自然観光資源（地形・地質、自然景観、史跡、伝統文化、生活文化など）
　ツアー実施者がエコツアーの下見や実施の際に把握した情報や変化、問題点を事務局に報告します。

> 【主な報告内容】
> ・確認日時
> ・確認場所
> ・落書き、破損　・古民家の取り壊し
> ・造成や構造物の整備などによる景観の改変
> ・伝統文化の危機（後継者不足、場所の消失など）
> ・ゴミや残土の投棄、造成など

2）モニタリングに当たっての各主体の役割

モニタリングに当たっての主体を次の8つに区分します。各主体の役割を示します。

①ツアー実施者

エコツアーの下見や実施の際に、自然観光資源の変化や問題点を把握し、事務局に報告します。

②ツアー参加者

エコツアーで実施する河川環境の簡易調査に協力してもらいます。また、ツアー参加費の一部を基金に積み立て、基金をモニタリング経費として活用することにより、間接的にモニタリングに協力してもらいます。

③NPOをはじめとする団体

活動する場所や対象に対するエコツアーによる影響を把握し、事務局に報告してもらいます。

④動植物や生態系の専門家・研究者

動植物の生息地・生育地の調査を実施します。また、その結果と各主体から報告されたデータを用いて動植物や生態系の現状を評価し、必要に応じて改善方法を提案します。なお、専門家の任命は別途、推進協議会の議を経て決定します。

⑤文化財や伝統文化の専門家・研究者

各主体から報告されたデータを用いて文化財や伝統文化の現状を評価し、必要に応じて改善方法の提案を行います。なお、専門家の任命は別途、推進協議会の議を経て決定します。

⑥飯能市エコツーリズム推進協議会

事務局からモニタリングの結果と改善方法についての報告を受け、改善方法について協議を行います。

⑦推進協議会の事務局

専門家から提示された評価や改善方法を取りまとめて、推進協議会に報告します。また、そこでの協議結果に基づき、各主体と改善に向けた調整を行います。

⑧行政（市、県、国）

事務局と協議を行いながら、担当する自然観光資源の状況の改善を検討します。

3）評価の方法

①評価の視点

調査や各主体から報告されたデータを元に、次の2点について評価を行います。

> ・エコツアーの実施が自然観光資源に与えている影響の有無と程度
> ・自然観光資源の保全や継続上の課題の有無と程度

②評価の周期

評価は、年に1回実施します。

③評価を実施する主体

専門家が評価を実施し、必要に応じて改善方法を提案します。そして、その結果を推進協議会で確認・承認します。

4）専門家や研究者の関与の方法

専門家や研究者はモニタリングに以下の方法で関与します。

①動植物や自然生態系の専門家・研究者

ツアー実施者から報告されたデータの取りまとめと評価、改善方法の提案を行います。また、エコツアーで活用されている動植物の生息地・生育地の現地調査と評価、改善方法の提案を行います。

②文化財や伝統文化の専門家・研究者

ツアー実施者から報告されたデータの取りまとめと評価、改善方法の提案を行います。

5）モニタリング及び評価結果の反映方法

モニタリング及び評価結果は、以下の方法で事業に反映し、自然観光資源の保全と再生を図ります。

①ツアー実施者への周知と指導

事務局がモニタリングの評価結果と改善方法をツアー実施者に周知あるいは指導し、エコツアーの実施方法の改善を図ります。
②関係部署との協力による対応の検討
　エコツアー実施者では対応が難しい案件については、行政の関係部署の協力を得ながら対応を検討します。
③特定自然観光資源への指定の検討
　モニタリング及び評価の結果、自然観光資源を保護するための制限が必要と判断された場合には、特定自然観光資源への指定を検討します。

(4) その他
1) 主な情報提供の方法
　主に、次の方法により、飯能市エコツーリズムに関する情報を市の内外に幅広く提供していきます。
①市報
　ツアーの案内やオープンカレッジの受講者募集などを掲載し、広く市民に情報を提供するとともに、エコツーリズムを周知します。
②エコツアーの案内チラシ
　エコツアーの案内チラシを作成・配布して、ツアー参加者を募集します。
③ホームページ
　飯能市エコツーリズムのホームページやSNSを通じて、エコツアーの案内をはじめとする各種の情報提供を行います。また、必要に応じて環境省のエコツアー総覧をはじめとする他のホームページを活用します。
④マスコミや協力団体の機関誌など
　新聞・雑誌や協力団体の機関誌などにエコツアーの案内を掲載してもらえるように依頼します。また、新聞・雑誌やテレビ・ラジオなどに紹介されるように働きかけます。これにより、広く情報が提供されるようにします。
⑤エコツーリズム出前講座
　地域住民やNPOなどが主催するエコツアーを増やしていくために、要望に応じて、飯能市エコツーリズムの内容やエコツアーの企画方法を説明するエコツーリズム出前講座を実施します。
⑥主務省庁
　本全体構想の認定後は、主務省庁に対して、エコツーリズム推進法第7条第1項に基づく積極的な広報を依頼します。
⑦その他
　エコツアーの参加者募集は、過去にエコツアーに参加した方への手紙や電話による直接的な情報提供の効果が高いことから、これを実施します。
2) ガイドやコーディネーターなどの人材の育成及び研鑽の方法
　魅力的なエコツアーを継続的に実施していくためには、ツアーのガイドをはじめとして、エコツアーに関する様々なことを調整し、一つにまとめるコーディネーターや、地域の人材を取りまとめるマネージャー、新しいプログラムを生み出し、統括するプロデューサーなどを担う人材が必要です。そこで、飯能市エコツーリズム推進協議会が実施主体となり、次の方法で、ガイドやコーディネーターなどの人材の育成及び研鑽を行います。
①エコツアーガイド養成講座（飯能市エコツーリズムオープンカレッジ）の実施
　エコツーリズムに関わる人を増やして、飯能市におけるエコツーリズムの裾野を広げることや、ガイドとなる人材を育成することを目的として、「飯能市エコツーリズムオープンカレッジ」を実施します。
　受講後には、ガイドが経験できるようにするとともに、講座の内容も経験に応じてステップアップできるものとするこ

とを検討します。また、受講後に実際にガイドをしている人の意見やエコツアー参加者のアンケート結果を基に、講座の内容を改善します。

②エコツーリズム講習会・交流会

エコツアー実施者を対象として、ガイドやコーディネートなどの技術や安全管理技術の習得、課題の共有などを目的としたエコツーリズム講習会や交流会を実施します。

3）住民参加を推進する方策

基本方針に示された「すべての地域と住民の参加」を実現するために、次の方法で住民参加を推進します。

①飯能市エコツーリズム活動市民の会

市内で自主的に、エコツーリズムに関する活動をする個人や団体が参加し、ツアーの企画や情報交換を行う「飯能市エコツーリズム活動市民の会」を設置し、その活動を支援します。

②エコツアー実施の際の協力依頼

できるだけ多くの住民に、自分のできる範囲でエコツアーに関わってもらうことが望まれることから、エコツアー実施の際には、事務局やツアー実施者が住民に協力を依頼します。

③エコツーリズム出前講座

地域住民やＮＰＯなどが主催するエコツアーを増やしていくために、事務局が、要望に応じて飯能市エコツーリズムの内容やエコツアーの企画方法を説明する、エコツーリズム出前講座を実施します。

4）エコツアーを自然の保全・再生や文化の継承に役立てる方策

基本方針で示されている「自然を保全・再生し、文化を継承して将来へ伝える」ことを実現するために、ツアー参加費の一部を積み立て、自然の保全・再生や文化の継承に役立てる基金を創設します。

5）エコツーリズム推進の中核となる組織の設置

飯能市エコツーリズムを自立的に発展、継続させていくためには、エコツアー実施者を支援し、広報や斡旋などを行う組織が必要とされます。また、自然の保全や文化の継承、住民による地域の再発見、地域の活性化などのエコツーリズムの公益的な面を拡大していくことが求められています。そこで、上記のエコツーリズムの経済面、公益面をバランスよく、かつ高度に発揮することを目的としたエコツーリズム推進の中核となる組織を創設します。

6）新規参入事業者への対応

新規参入を希望する事業者に対しては、事務局が本全体構想の順守を求めます。また、本全体構想を守らない事業者が飯能市エコツーリズムやこれに類似する名称を使用することがないようにする方策を検討します。

4　自然観光資源の保護及び育成

（１）自然観光資源の保護及び育成の方法

自然観光資源の保護及び育成の方法については、本全体構想に記載したモニタリング及び評価によって状況を把握し、事務局が推進協議会に報告するとともに、そこでの協議結果に基づき、各主体と改善に向けた調整を行います。

5　推進協議会の参加主体 （略）

（１）推進協議会に参加する者の名称又は氏名、その役割分担（略）

6　その他飯能市エコツーリズムの推進に必要な事項

（1）環境教育の場としての活用と普及啓発

環境教育は、持続可能な社会を実現するために、環境問題の本質を理解し、環境問題を解決するために、積極的に適切な行動をとることができる市民を育成する教育です。その推進においては、知識だけではなく、自然とのふれあい体験を通じて自然に対する感性や環境を大切に思う心を育てることが重要です。次に示す方法により、エコツーリズムを環境教育に役立てます。

1）案内（ガイダンス）及びプログラムの実施に当たっての留意点

環境教育の場としての活用と普及啓発を図るため、案内及びプログラムの実施にあたっては、次の点に留意します。

①エコツアー実施者の環境問題についての理解を深める

エコツアー実施者自身が環境問題について正しく理解をしていなければ、参加者へ正しい知識を伝えることができません。そこで、エコツアー実施者を対象とした講習会の実施によりツアー実施者が環境問題についての理解を深めるようにします。

②体験を通じて自然への理解を深める機会を提供する

川での生物の観察や、生物の生息しやすい環境の再生など、体験を通じて自然への理解を深めるエコツアーを実施します。

③参加者に環境問題について考える機会を提供する

国産材の紹介から海外での森林伐採を考えたり、伝統的な生活から資源やものを大切にする暮らしを考えるなど、エコツアーを通じて、参加者に環境問題を考える機会を提供します。

④環境への負荷が低いエコツアーの実施によって環境保全意識の向上を図る

地元産品の利用やごみの排出抑制、環境への負荷が少ない製品の利用、公共交通の利用促進など、環境への負荷が低いエコツアーを実施します。その考え方を解説し、理解してもらい、よりよい方法について話し合うことにより、エコツアー実施者、参加者双方の環境保全意識の向上を図ります。

2）地域住民に対する普及啓発の方法

地域住民の環境問題への理解を、体験を通じて深めるために、地域の自然観光資源探しへの参加を促したり、補助的な役割でエコツアーの運営に関わってもらうなど、できるだけ多くの地域住民がエコツアーに関わる機会を提供します。

3）エコツーリズムによる子どもたちへの環境教育の推進

エコツーリズムを通じて、子どもたちに環境問題や地域の自然への理解を深めてもらうために、保育園や幼稚園、学校、教育委員会などとの調整を行い、地域の自然観光資源探しやエコツアーの企画などに参加してもらう機会を提供します。また、飯能市のエコツアーを子どもの環境教育の場とするために、保育園や幼稚園、学校を対象としたエコツアーを企画・実施します。

（2）他の法令や計画との関係及び整合

○主な関連法令

エコツアーでのフィールド利用については、下記の関係法令に配慮しながら、実施します。

・生物多様性基本法
・自然公園法
・絶滅のおそれのある野生動植物の種の

保存に関する法律
- 鳥獣の保護及び狩猟の適正化に関する法律
- 特定外来生物による生態系等に係る被害の防止に関する法律
- 森林法
- 文化財保護法
- 河川法
- 都市計画法
- 埼玉県希少野生動植物の種の保護に関する条例
- 埼玉県立自然公園条例
- ふるさと埼玉の緑を守り育てる条例
- 飯能市環境基本条例
- 飯能市環境保全条例
- 農業振興地域の整備に関する法律
- 農山漁村の活性化のための定住等及び地域間交流に関する法律

また、エコツアーを実施する際には、下記の関係法令を順守します。
- 旅行業法
- 道路交通法
- 道路運送法

○主な計画

下記の主な計画との整合を図りながら、エコツーリズムを推進します。
- 飯能市環境基本計画
- 飯能市森林整備計画
- 第4次飯能市総合振興計画基本構想・後期基本計画
- 飯能市観光ビジョン
- 飯能市中心市街地活性化基本計画
- 飯能市地区別まちづくり計画
- 飯能市山間地域振興計画
- 飯能市田園環境整備マスタープラン

（3）農林水産業や土地の所有者等との連携及び調和

1）農林水産業や土地所有者等との連携方策

エコツーリズムを農林水産業や土地所有者などと連携して推進することにより、農林水産業や土地所有者などとエコツーリズムの推進の双方に利点がある、以下に示すようなエコツアーを実施していきます。

① 西川材の利用促進や農林産物の販売促進に役立つエコツアー

環境保全に役立つ国産材の利用を促進するために、林業家と連携して西川材の家作りをアピールするエコツアーや間伐材を利用するエコツアーを実施します。また、エコツアーにおける農林産物直販所への立ち寄りや、地元農産物による食事の提供などにより、農林産物の販売促進と地産地消の推進に役立てます。

② 外来魚の駆除

漁協と連携して在来魚種を捕食するブラックバスやブルーギルなどの外来魚の駆除をエコツアーで行うことにより、生物多様性の保全と漁業資源の保全を図ります。

③ 遊休農地の活用

遊休農地などを有効に活用し、農家と連携し、のらぼう菜をはじめとする地元の伝統野菜の種まきや、収穫体験ツアーを行うことにより、農地の有効活用とエコツーリズムの推進を図ります。

④ カタクリ群落の維持管理

土地所有者と連携してカタクリ群落を維持するための樹林管理や、保護のための柵づくりをエコツアーで行うことにより、土地所有者の労力の軽減とエコツーリズムによる自然の保全の両立を図ります。

2）配慮事項

エコツアーの実施に当たっては、許可なく農地や林地に入ったり、農林漁業者に迷惑をおよぼすことがないように注意する必要があります。

（４）地域の生活や慣習への配慮

エコツアーが、地域住民の生活や伝統文化、生活文化に悪影響を及ぼすことのないように、以下の点に配慮します。なお、これらはルールとして設定します。

・飯能市のエコツアーは、住民の生活の場で行われるものが多いことから、住民の生活環境や営農環境を守るために、実施者は、住宅の敷地や農地などに立ち入る場合には、事前に承諾を得るようにします。また、参加者はガイドの案内なく住宅の敷地や農地などに立ち入らないようにします。
・実施者は、エコツアーの実施日時や目的について、事前に地域住民に説明し、エコツアーへの理解を得るようにします。
・実施者、参加者ともに、飯能に伝わる伝統文化を尊重し、エコツアーでの活用が伝統文化を変えないように留意します。

（５）安全管理

エコツアー実施中の参加者や実施者の安全を確保するために、以下の対策を実施します。なお、これらはルールとして設定します。

・実施者は、保険に加入し、保障内容を参加者に事前に明示するとともに、緊急時の連絡先や対応を明確にします。
・実施者は、事前に下見をして、ツアー中に発生する可能性がある危険を把握し、必要に応じて危険箇所を回避するルート変更を行います。また、ツアー開始前や実施中には、発生する可能性がある危険を参加者に説明し、注意を喚起するとともに、必要な資材を準備し、ツアー中の参加者の安全を確保します。参加者は実施者の注意にしたがって行動します。
・実施者は、ツアー中のけがや虫刺されなどに備え、救急医療品を用意します。また、エコツアー実施におけるリスクを低減するための対策として、以下の対策を実施します。
・ツアー実施者を対象とした救急救命講習会を実施します。
・ツアーの準備や実施において想定される危険を回避するために、安全管理について記載したエコツアー実施の手引きをツアー実施者に配布します。

（６）全体構想の公表

全体構想の作成、変更・廃止を行ったときは、市報やホームページなどで広報を行います。また、市役所での閲覧やホームページへの掲載、説明パンフレットの配布などにより広く一般に公開します。

（７）全体構想の見直し

全体構想は、推進協議会において毎年度実施状況について点検を行います。また、概ね５年ごとに見直しを行います。ただし、点検の結果、早急に見直すことが必要と判断された場合には、適宜見直しを行います。

参 考 文 献

青木辰司・小山善彦・バーナード・レイン（2010）『持続可能なグリーン・ツーリズム―英国に学ぶ実践的農村再生』丸善

浅見徳男（1990）『埼玉ふるさと散歩―飯能市・名栗村』さきたま双書、さきたま出版会

有薗正一郎（2001）『ヒガンバナの履歴書』愛知大学綜合郷土研究所ブックレット2、あるむ

市川和夫・須藤和人・渋谷紘・清水誠（1991）『さいたまの自然ウォッチング』さきたま出版会

市川健夫（1988）『信州学ことはじめ』第一法規出版

市川健夫編（1991）『日本の風土と文化』古今書院

犬井　正（1992）『関東平野の平地林』古今書院

犬井　正（1992）『人と緑の文化誌』三芳町教育委員会

犬井　正（1996）『川から何を学ぶか』日本の川を調べる1、理論社

犬井　正（2001）「グリーンツーリズム」全国雑木林会議編『現代雑木林事典』pp.76-77、百水社

犬井　正（2002）『里山と人の履歴』新思索社

犬井　正（2008）「森林整備の展開と農山村の振興―埼玉県飯能市の着地型エコツーリズム」日本森林技術協会『森林技術』800号、pp.18-24

犬井　正（2009）「里地里山を生かした飯能市のエコツーリズム」『地理月報』512号、pp.18-19、二宮書店

犬井　正（2009）「谷口集落から発展したエコツーリズムのまち飯能市」pp.459-461、菅野峰明・佐野　充・谷内　達編（2009）『日本の地誌5 首都圏Ⅰ』朝倉書店

今関六也・大谷吉雄・本郷次雄（1988）『山渓カラー名鑑 日本のきのこ』山と渓谷社

岩瀬　徹・鈴木由告（1977）「カタクリはまもられているか―カタクリの生態と受難の現状」『遺伝』4号、pp.94-99

エコツーリズム推進協議会（1999）『エコツーリズムの世紀へ』エコツーリズム推進協議会

海津ゆりえ（2007）『日本エコツアー・ガイドブック』岩波書店

『科学』（2002）「特集 エコツーリズムの展望」Vol.72-7、岩波書店

環境省編（2004）『エコツーリズム―さあ、はじめよう！』日本交通公社

菊地直樹（1999）「エコ・ツーリズムの分析視角に向けて―エコ・ツーリズムにおける地域住民と自然の検討を通して」『環境社会学研究』5号、pp.136-151
菊地俊夫編著（2008）『観光を学ぶ―楽しむことからはじまる観光学』二宮書店
菊地俊夫・犬井　正編著（2007）『森を知り森に学ぶ―森と親しむために』二宮書店
菊地俊夫・有馬貴之編著（2015）『自然ツーリズム学』よくわかる観光学2、朝倉書店
菊地俊夫・松村公明編著（2016）『文化ツーリズム学』よくわかる観光学3、朝倉書店
金　達寿（1970）『日本の中の朝鮮文化―その古代遺跡をたずねて』講談社
クリス・C・パーク著、犬井　正訳（1994）『熱帯雨林の社会経済学』農林統計協会
埼玉県立自然の博物館（2009）『オールカラーガイドブック　埼玉の動・植物50話』埼玉新聞社
埼玉民俗文化研究所（2004）『名栗の民族　上』名栗村教育委員会
埼玉県西部地域博物館入間川展合同企画協議会編（2004）『入間川再発見―身近な川の自然・歴史・文化をさぐって』
埼玉県野鳥の会編（1986）『さいたまバードマップ』埼玉新聞社
佐々木高明（1971）『稲作以前』NHKブックス147、日本放送出版協会
佐々木高明（1972）『日本の焼畑』古今書院
敷田麻美編著（2008）『地域からのエコツーリズム―観光・交流による持続可能な地域づくり』学芸出版社
スー・ビートン著、小林英俊訳（2002）『エコツーリズム教本―先進国オーストラリアに学ぶ実践ガイド』平凡社
須永和博（2012）『エコツーリズムの民族誌―北タイ山地民カレンの生活世界』春風社
田端英雄編著（1997）『里山の自然』エコロジーガイド、保育社
淡交社（1990）『身近な樹木ウォッチング―まず基本170種を覚えよう』うるおい情報シリーズ7、淡交社
辻本芳郎・北村嘉行・上野和彦・榊原忠造・石田典行（1976）『関東地方における織物業地域の分化と変容』自費出版
月尾嘉男監修・講談社編（2006）『イラスト図解　地球共生―美しいこの星を守りぬくために』講談社
天覧山・多峯主山の自然を守る会（2001）『天覧山・多峯主山自然環境調査報告書』
所　三男（1980）『近世林業史の研究』吉川弘文館
プーラン・デサイ／スー・リドルストーン著、塚田幸三・宮田春夫訳（2004）『バイオリージョナリズムの挑戦―この星に生き続けるために』群青社
名栗村史編纂委員会（1960）『名栗村史』名栗村
浜口哲一・盛岡照明・加納拓哉・蒲谷鶴彦（1985）『日本の野鳥』山渓カラー名鑑、山と渓谷社

飯能市史編集委員会（1988）『飯能市史 通史編』飯能市
フレッド・ピアス著、藤井留美訳（2016）『外来種は本当に悪者か？―新しい野生』草思社
古河義仁（2011）『ホタル学―里山が育むいのち』丸善出版
堀口万吉監修（1987）『埼玉の自然をたずねて』日曜の地学1、築地書館
森　昭彦（2016）『身近にある毒植物たち』サイエンス・アイ新書、SBクリエイティブ
森本幸裕（2002）『樹木ウオッチング』NHK趣味悠々、日本放送出版協会
山崎光博（2004）『グリーン・ツーリズムの現状と課題』暮らしのなかの食と農22、筑波書房ブックレット
横山秀司（2006）『観光のための環境景観学―真のグリーン・ツーリズムに向けて』古今書院
吉田春生（2004）『エコツーリズムとマス・ツーリズム―現代観光の実像と課題』原書房

索　　引

COP10　78
E．ナウマン　27
JR八高線　106
NPO　21

あ

アウトドア活動　2
アオダイショウ　70, 104
アオバズク　89
アオバト　89
アカハライモリ　87
アカマツ　32, 45, 46, 52
アキアカネ　78
アギナシ　71
アケビ　71
アケボノゾウ　39
アシナガバチ　103
アシナガバチ類　95
足場丸太　109
阿須　37, 39
小豆　126
アズマネザサ　56
亜炭　39
畦　23, 65, 70
畦豆　67, 68
愛宕山　31
アドヴァンスドフューエル　112
アトリ　89
アブ　103
アベマキ　47
アマツバメ　88
天目指　126
アユ　75
アユ（鮎）　75
荒川水系　33
アリ撒布種子　59

粟　126
アントシアン　55

い

筏　108
筏宿　108
イカリソウ　65
育林地帯　49
イタチ　87
イチリンソウ　58
古多摩川　38
イモリ　70
癒し（ヒーリング）ブーム　8
イラクサ　72
伊良湖岬　94
入間川　19, 32, 33, 37, 40
入間馬車鉄道　105
イワツバメ　88

う

ウグイス　90
ウソ　89
ウッドマイルズ　111
ウッドマイレージ　111
ウノタワ　133
ウミイグアナ　6
ウミユリ　27
ウラシマソウ　62
ウンカ　78

え

液果　101
エコツアー　3, 18
エコ・ツーリズム　2
エコツーリズム　1, 6, 12, 13, 16, 17, 18
エコツーリズム推進会議　18

エコツーリズム推進協議会　130
エコツーリズム推進全体構想　23
エコツーリズム推進法　18, 21
エコロジカル・フットプリント　4
エコロジカル・リュックサック　4
エゾビタキ　89
エノキタケ　58
エビネ　16
円礫　37
遠藤新　124

お

オイカワ　75, 91
青梅縞　119
オオウラギンヒョウモン　67
オオクチバス　76
オオスズメバチ　95, 103
オオタカ　93, 95
大持山　33, 40, 132
オオルリ　88, 90
オオルリシジミ　67
オキナグサ　65
奥山　45
お散歩マーケット　130, 131
オニグルミ　101
オミナエシ　65
親林活動　117
颪　49
温室効果ガス　113

か

海溝　36
海洋プレート　37

外来生物法 90
カエデ 52
河岸段丘 41
陰樹 45
花崗岩 38
カシ 52
カジカ 75
カシラダカ 89
カタクリ 16, 58, 59
過度の利用（overuse） 4
ガビチョウ 90
ガマズミ 62
カヤネズミ 97
からっ風 50
空っ風 42
ガラパゴス諸島 6
刈敷 50, 58, 59
仮締染色法 122
カリヤス 71
カルチノイド 55
カワセミ 91
カワニナ 84, 85
カワラマツバ 65
カンアオイ 59, 61
簡易宿泊施設 9
環境収容能力 4
環境容量 4
環境容量（carrying capacity） 3
環境容量（キャリング・キャパシティー） 132
乾田 79
カントウカンアオイ 61
関東大震災 109
関東ローム層 42

き

生糸蚕種改印令 127
キイロスズメバチ 103
キウイフルーツ 63
キキョウ 65, 67
キクイタダキ 89
木地師 6
北日本集団 81
キツネノカミソリ 58

絹織物地帯 120
キノコ 56
木の子 57
キビタキ 88, 90
ギフチョウの食草 61
ギボウシ 71
キャリング・キャパシティー 4
救荒食 69
凝灰岩 36
切り替え畑 127
輝緑凝灰岩 27
巾着田 34

く

クサボケ 71
クズ 65, 67
クヌギ 32, 45, 46, 65
隈取 56
クララ 65, 67
グリーンツーリズム 6, 7, 16, 17
クロスズメバチ 95
黒ボク土 48
クロモ 71
黒指 126, 130
クロロフィル 55

け

景観間伐 22
景観緑地 97
ケイソウ（珪藻） 75
頁岩 36
堅果 101
ゲンゴロウ 79, 81, 87
県産材住宅 114
ゲンジボタル 82, 83
ゲンノショウコ 65
原発事故 114

こ

小畔川 33
コア（核心）地域 6
公益的機能 110
高句麗 34, 125
硬砂岩 27

耕作放棄地 99
抗ヒスタミン剤 104
高麗 125
高麗王若光 126
高麗川 33, 34, 125
高麗郡 34, 124, 125
高麗郡南高麗村 125
コガタスズメバチ 95
極相林 46
小角材 109
国際エコツーリズム年 3
コクチバス 76
こくわ 63
古生層 53
古生代 27
古多摩川 38
コナラ 32, 45, 46, 52, 101
コノドント 27
コブナグサ 71
根粒バクテリア 67

さ

採草地 32
砂岩 36
サギ 79
サクラタデ 71
笹井 39
サシバ 79, 93
佐多岬 94
里地 51
里地里山 19, 21, 33, 45, 52
里地里山のエコツアー 23
里山 50, 51
砂漠化 4
サルナシ 63, 101
サワグルミ 133
産業革命 48, 52
サンゴ 27
サンコウチョウ 88, 90
蚕糸不況 123
サンショウウオ 79
山林 47

し

シイタケ 56, 58

シオン　65
シジュウカラ　89
自然主義文学者　52
自然生態系　73
自然保護債務スワップ　1
持続可能なツーリズム　3
シデ　52
シデ類　65
シナサルナシ　63
シバ　50
柴　50
地場産材住宅　114
シマドジョウ　75
シメジ　58
社員旅行　10
ジャノヒゲ　62
周遊型　8
樹皮はぎ被害　100
ジュラ紀　29
シュレーゲルアオガエル　87
ジュンサイ　71
シュンラン　16, 62
正覚寺　127
彰義隊　128
鍾乳洞　35
ジョウビタキ　89
正丸峠　34
縄文海退　32
縄文時代　29, 32, 65
照葉樹　46, 72
照葉樹林　45
シラカバ　46
白樺峠　96
白神山地　56
シロヤマギク　65
浸食作用　41
新生代　29
薪炭林　109
振武軍　128
シンプルライフ　9
侵略的外来種ワースト100
　選定種　90
森林文化都市　117

す

スイセン　69
水田稲作　48
須恵器　125
スギ　49, 53
スギ花粉　43, 117
スギがモノカルチャー（単一植栽）　118
ススキ　65, 67
スズメバチ　103
スズメバチ類　95
ストレプトマイシン　58
スブタ　71
スプリング・エフェメラル（春の短い命）　58
スプリングブルーム　78
スミレ　59
スミレを食草　67
スローフード　8
スローフード運動　9
スローライフ　8

せ

瀬　42
生態地域（bioregion）　13
生態地域主義　13
西武池袋線　106
生物多様性　114
生物多様性条約締約国会議　78
世界大恐慌　123
石蒜　69
石炭紀　27
石灰　35, 54
石灰岩　27, 35
絶滅危惧種　26, 81
ゼロエミッション　13
遷移　46
扇央　40
扇状地　40
漸新世　29
扇端　40
扇頂　40, 120
ゼンマイ　71

閃緑岩　38

そ

雑木林　16, 52
ゾーニング　6
粗朶　49
蕎麦　126
ソバナ　65
ソフトツーリズム　16
ソフトなもの　15

た

第1次世界大戦　109
タイコウチ　79, 87
滞在型　8
大豆　126
堆肥　49
第四紀　29
大陸プレート　37
第三紀中新生　29
タガメ　81
鷹渡り（タカ渡り）　89, 97
タコノアシ　71
立木　108
タチツボスミレ　62
竜飛岬　96
ダニ　103
谷口集落　120
タヌキ　87
タブノキ　45, 72
タマスダレ　72
段丘崖　41
段丘面　41
炭酸塩補償深度（CCD）　30
淡水魚　73

ち

地域区分（ゾーニング）　4
地域材住宅　114
地域主義　12
地域振興　22
チゴユリ　62
地材地建　114
地材地消　114
地産地消　14

地産地消運動　9, 114
秩父　27
秩父古生層　27
秩父山地　43, 45
秩父層群　27
秩父層群（秩父中・古生層）　106
秩父盆地　29
秩父銘仙　119
窒素肥料　67
チップ化　114
チャート　27, 30, 35, 37, 133
着地型旅行 / 観光　10, 11
チャドクガ　103
沖積世　29
長期バカンス　7

つ

ツーリズム・ベール（緑の旅行）　7
ツガ　52
ツキノワグマ　101
ツグミ　89
ツタウルシ　72
ツツガムシ　103
ツバメ　88
ツリガネニンジン　71

て

泥岩　36
テーマパーク　15
テクノストレス　16, 115
テルペン類　115
田園ツーリズム　7
電信柱　109
電柱材　109
天保の飢饉　127
天明の飢饉　127
天覧入り　32
天覧山　30, 31, 76, 82, 128
天覧山や多峯主山付近　88

と

トウキョウサンショウウオ　79
トウキョウダルマガエル　79

峠　41
トウダイグサ　72
多峯主山　30, 76, 82
毒キノコ　56
特定外来生物　76, 90
年魚　75
ドジョウ　70
土壌浸食　4
友釣り　75
鳥撒布種子　62

な

ナウマンゾウ　27
中干し　79
長瀞　27
名栗　124
名栗川　34
名栗村　19
ナチュラルフードコーディネーター　56
ナマズ　79
ナルコユリ　62
縄市　105

に

西川材　106, 109, 124
西川材を使ったカヌーの製作　117
西川林業　105, 108
西日本型　85
二次林　46
二畳紀　27
日露戦争　109
ニッコウムササビ　98
日清戦争　109
ニホンアカガエル　70, 79
ニホンイシガメ　82
ニホンイノシシ　98
日本型グリーンツーリズム　8
ニホンカモシカ　101
ニホンジカ　100
ニホンノウサギ　82
日本の侵略的外来種ワースト100　76

ニラ　72
ニリンソウ　58

ぬ

ヌカカ　103

ね

ネイチャーツアー　2
根垂水　32, 70
熱射病　43, 44
熱中症　43
熱電併給　113
熱電併給用　114
粘板岩　27

の

農家民宿　7, 16
農間稼ぎ　54, 127
農業・農村ツーリズム　7
農産物加工施設　9
能仁寺　128
農村観光（ルーラルツーリズム）　14
農用林　49, 50
ノビル　72

は

バードウオッチャー　96
バードウオッチング　16
ハードなもの　15
バイオリージョナリズム　13, 14
ハイマツ　64
白亜紀　29
ハケ（垳）　41
八王子織物　119
八王子構造線　30
八王子石灰　36
ハチクマ　93, 94, 95
バッファー（緩衝）地域　6
早瀬　42
春植物　58
ハンゲショウ（半夏生）　63
飯能大島紬　72, 119, 122, 123
飯能河原　108

索　引

飯能笹　56
ハンノウザサ　56
飯能市　19, 21
飯能市エコツーリズム推進
　協議会　23
飯能礫層　38
ハンノキ　52

ひ

稗　126
ビオトープ　26
東日本型　85
東日本大震災　114
ヒガンバナ　69
ヒガンバナ（彼岸花）　68
ヒガンバナ（曼珠沙華）　34
ヒシ　71
ヒノキ　49, 53
百姓一揆　127
氷河時代　59, 64
氷期　41
平岡レース事務所棟　124
平瀬　42
ヒラタケ　57
ヒル　103

ふ

フィトンチッド
　（phytoncide）　115, 116
フードマイルズ　111
フードマイレージ　111
フェアトレード運動　9
フォッサマグナ　27
伏流　40
フクロウ　89
仏子層　39
武州一揆　127
フスマ　27
淵　42
フナ　79
ブナ　45, 53, 101
ブナ＝ミズナラ　133
ブナ林　45
ブラックバス　26, 76
フランク・ロイド・ライト
　124
ブルーギル　76
分収林（植分）　108

へ

ヘイケボタル　82, 85
平地林　45, 47, 48, 50, 52
ペニシリン　58
ベビーキウイ　63
ペレット　111, 113, 117
偏向遷移　47

ほ

ポイズンリムーバー　104
放散虫　27
ボウズハゼ　75
細田　130
ホタルブクロ　65
ボランティア　3
堀っかけ　108
ホルンフェルス　38

ま

マイタケ　58
牧野富太郎　56
マグマ　38
マスツーリズム　18, 23
マタギ　6
マタタビ　62, 101
マタタビ酒　63
マタタビミヤマバエ　63
マダニ　103
マッシュルーム　56
マナー　23
マムシ　104
マムシグサ　62
マユミ　62
マリンスノー（海雪）　30
満鮮要素の草原　64
曼珠沙華　68

み

御影石　38
三島由紀夫　31
ミズオオバコ　71
ミズカマキリ　79
水晒し法　69
ミズナラ　45, 46, 53, 65, 101
ミソハギ　71
南高麗　101
南日本集団　81
ミヤマホウジロ　89

む

武蔵野　45, 48
武蔵野鉄道　106, 123
ムラサキシキブ　62
村山大島紬　122, 123

め

メダカ　70, 81, 91
メタセコイア　39

も

猛禽類　93
木材自給率　110
木質バイオマス　113
もくねん工房　113
モズ　79
モズの早贄　89
モノアラガイ　85
モリアオガエル　86

や

矢颪　37
焼き畑　127
薬用酒　63
ヤゴ　87
谷津　32
谷津田　32
谷戸　32
谷戸田　32, 59, 65, 76, 82, 99
ヤブサメ　88
ヤブラン　62
ヤマ　50
ヤマアカガエル　79
ヤマウルシ　72
ヤマカガシ　70, 79, 87, 104
ヤマガラ　89
ヤマセミ　91

ヤマブドウ　101
弥生時代　32

よ

養蚕地帯　120
養蚕や絹糸　127
陽樹　45
ヨコバイ　78
ヨモギ類　65

ら

雷雨　43
雷雲　44

羅漢山（天覧山）　128
落雷　43, 44
卵塊　87

り

リコリン　69
離層　55
緑肥　32, 50
リンドウ　65, 67

る

ルーラルツーリズム　7
ルール　23

ルリビタキ　89

れ

レリック（遺存種）　61

ろ

六斎市　105
ロハス（LOHAS）　8
ロブスター　6

わ

ワレモコウ　65, 71

エコツーリズム：こころ躍る里山の旅
飯能エコツアーに学ぶ

平成 29 年 4 月 2 日　発　行

著作者　　犬　井　　　正

発行者　　池　田　和　博

発行所　　丸善出版株式会社

〒101-0051　東京都千代田区神田神保町二丁目17番
編集：電話(03)3512-3264／FAX(03)3512-3272
営業：電話(03)3512-3256／FAX(03)3512-3270
http://pub.maruzen.co.jp/

©Tadashi Inui, 2017

組版・月明組版
印刷・株式会社 日本制作センター／製本・株式会社 松岳社

ISBN 978-4-621-30151-7 C0040　　　　Printed in Japan

[JCOPY]〈(社)出版者著作権管理機構　委託出版物〉
本書の無断複写は著作権法上での例外を除き禁じられています．複写される場合は，そのつど事前に，(社)出版者著作権管理機構（電話03-3513-6969，FAX 03-3513-6979，e-mail：info@jcopy.or.jp）の許諾を得てください．